Mathematik für das Bachelorstudium III

Mike Scherfner · Torsten Volland

Mathematik für das Bachelorstudium III

Funktionentheorie, Mannigfaltigkeiten und Funktionalanalysis

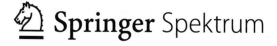 Springer Spektrum

Mike Scherfner
Berlin, Deutschland

Torsten Volland
Neuenhagen, Deutschland

ISBN 978-3-8274-2069-5   ISBN 978-3-8274-2558-4   (eBook)
https://doi.org/10.1007/978-3-8274-2558-4

Die Deutsche Nationalbibliothek verzeichnet diese Publikation in der Deutschen Nationalbibliografie;
detaillierte bibliografische Daten sind im Internet über http://dnb.d-nb.de abrufbar.

Planung/Lektorat: Andreas Rüdinger
Springer Spektrum ist ein Imprint der eingetragenen Gesellschaft Springer-Verlag GmbH, DE und ist ein
Teil von Springer Nature.
Die Anschrift der Gesellschaft ist: Heidelberger Platz 3, 14197 Berlin, Germany

Über dieses Buch

Unter dem Titel „Mathematik für das Bachelorstudium" decken wir in drei Bänden den Stoff ab, den wir als *überlebensnotwendig* für Studierende der Physik und Mathematik erachten.

Was meinen wir mit überlebensnotwendig? Ein ordentlich gewähltes Mindestmaß an mathematischem Wissen, das Ihnen solide Grundlagen bietet und das tiefere Eindringen in spezielle Themen ermöglicht. So werden Ihnen in der Mathematik die Themen Funktionalanalysis (in der Physik z. B. verknüpft mit der Quantenmechanik) und Differenzialgeometrie (in der Physik z. B. verknüpft mit der Relativitätstheorie) begegnen, auf die wir Sie gut vorbereiten.

Es ist uns völlig klar, dass wir mit dem Umfang nicht jeden Wunsch erfüllen, denn wir vernehmen aus der Ferne schon die Gedanken derer, die sich an diversen Stellen deutlich mehr wünschen mögen – und wir leiden mit den Studierenden, die in Anbetracht der existierenden Fülle des Stoffes um ihren Schreibtisch wanken.

Es ist unser Ziel gewesen, die Themen so verständlich wie möglich zu machen – die bisherige Rezeption vermeldet einen ehrlichen Erfolg in dieser Hinsicht.

Die vorliegende Reihe entstand aus Vorlesungen, die von Mike Scherfner zum Kurs „Mathematik für Physiker und Physikerinnen I–IV" seit dem Wintersemester 2007/08 an der TU Berlin gehalten wurden. Das Gesamtkonzept wurde von Mike Scherfner und Matthias Plaue zusammen mit Roland Möws erstellt, mit der Ausbildungskommission der Physik und den dortigen theoretischen Physikern besprochen und dann – nach Abstimmung mit Lehrenden des Instituts für Mathematik – umgesetzt. Der damalige Assistent der Veranstaltung, Matthias Plaue, erstellte dann auf der Basis der Vorlesungen ein Skript, das in der Folge ständig verbessert und schließlich zur Buchreihe wurde. Der Kurs, auf dem diese Reihe basiert, war ein guter Wegweiser für den Inhalt. So müssen Studierende der (insbesondere theoretischen) Physik nämlich ein gehöriges Stück Mathematik meistern, um die Natur zu beschreiben. Daher haben wir die berechtigte Hoffnung, dass das Werk am Ende auch eine vernünftige Grundlage für die Ausbildung in reiner Mathematik bildet und dann die Brücke zu dem schlägt, was in diesem Bereich als fortgeschritten gelten darf.

Wir dachten beim Schreiben besonders an Studierende der Physik, bieten aber auch Wesentliches für angehende Mathematikerinnen und Mathematiker. Wir sind ferner der Überzeugung, dass ambitionierte Studierende der Ingenieurwissenschaften an Universitäten großen Gewinn aus den Bänden ziehen können. Trotz der gewählten Hauptzielgruppe(n) haben wir das Augenmerk nicht speziell auf die Anwendungen gelegt. Zum einen gibt es z. B. diverse angehende Physikerinnen und Physiker, die in Mathematikveranstaltungen ungeduldig werden, wenn denn einmal keine pure Mathematik gemacht wird, und es gibt Studierende der Mathematik, die beim Wort Anwendungen Ausschlag bekommen. Wir mischen uns in das Für und Wider nicht ein, sondern haben diesen Weg deshalb gewählt, weil der Bachelor tatsächlich gewaltige zeitliche Anforderungen an Studierende stellt und wir uns ferner auf die Mathematik konzentrieren wollen, es kann schließlich nicht allen gedient werden.

Der Übergang vom Diplom zum Bachelor und Master hat nicht alle begeistert, und wir mussten bei der Konzeption erkennen, dass der Bachelor einen vor ganz neue Aufgaben stellte, auf die wir als Lehrende wenig, bis gar nicht, vorbereitet wurden. Die Politik hat befohlen, wir mussten gehorchen (ohne auch nur die Chance zu haben, an geeigneter Stelle den Befehl zu verweigern und die Sache mit mehr sinnvollen Gedanken zu füllen). Es wurde klar, dass nicht einfach die alten Inhalte in die kurze Zeit des Bachelor gepackt werden konnten. Es darf aber auch zu keiner starken „Verwässerung" kommen, die das Bachelorstudium final zu einem „Studium light" werden lässt. Vielmehr musste nach unserer Meinung ein neues Konzept entstehen, das die richtige Balance zwischen Anspruch und Realisierbarkeit bietet. Auch diese Überlegungen waren Motivation für Anordnung und Umfang des präsentierten Stoffes in den drei Bänden, der im groben Überblick wie folgt aussieht: allgemeine Grundlagen, lineare Algebra, Analysis in einer Variablen (Band I), Analysis in mehreren Variablen, gewöhnliche und partielle Differenzialgleichungen, Fourier-Reihen und Variationsrechnung (Band II), dann weiter zu den Themen Funktionentheorie, Mannigfaltigkeiten und Funktionalanalysis (Band III).

Wir haben bei der Darbietung einen eigenen Stil verwendet, in welchem es eine strenge Gliederung gibt. In dieser sind Sätze und Definitionen farblich gekennzeichnet und Beweise bilden mit den zugehörigen Sätzen eine Einheit, was durch spezielle Symbole ausgedrückt wird. Als weitere Elemente gibt es noch Erläuterungen und Beispiele. Letztere sorgen oft für das Verständnis eines Sachverhaltes und für Aha-Effekte. Gleichfalls unterstreichen sie praktische Aspekte – daher sind wir recht stolz darauf, dass Sie alleine im ersten Band gut 200 Beispiele finden. Wir wollen durch unsere Gliederung die Klarheit des Präsentierten vergrößern, aber auch das Lernen erleichtern. So ist unter dem Druck einer nahenden Prüfung alles schnell zu finden. Auf Schnörkel, allzu Historisches und humoristische Einlagen wurde im mathematischen Teil verzichtet (was uns nicht immer leicht fiel) und wir haben alles unterlassen, was die Mathematik in die zweite Reihe drängt; Romane gibt es auf dieser Welt genug.

Es war uns dabei sehr wichtig, Ihre Bedürfnisse zu respektieren, die teils auch einfach nur auf das Bestehen einer Prüfung gerichtet sein können. Wir hoffen, dass sich das Konzept beim Lesen unmittelbar erschließt. Alle Kapitel beginnen mit einem Einblick, der Motivation liefert und eine Einführung gibt, die das Folgende auch einordnet. In der Konsequenz gibt es auch einen Ausblick. Dieser beleuchtet zuvor behandelte Themen teils erneut, zeigt Grenzen auf und ist an einigen Stellen auch nur Hinweis auf das, was am Horizont erscheint. Oft ist der Ausblick eine Art Schlussakkord, der Sie zu einem neuen Stück motivieren soll.

Wir haben davon Abstand genommen, das Werk zu beweislastig zu machen, selbst wenn ein Beweis stets auch eine Erklärung ist. Jedoch auch mit zu viel gutem Essen lässt sich der Magen verderben. Wir haben daher versucht „weise Beschränkung" zu üben, da die Zeit im Studium – und der Platz zwischen Buchdeckeln – begrenzt ist, und begnügen uns an einigen Stellen beispielsweise mit Spezialfällen oder der Beweisidee.

Wir setzen einzig solide Schulkenntnisse voraus, sodass z. B. natürliche oder reelle Zahlen und elementare Funktionen nicht grundlegend entwickelt werden. Wir gehen ferner davon aus, dass Sie beim Lesen eines Bandes die (soweit möglich) vorhergehenden Bände gelesen haben, da viele Themen aufeinander aufbauen.

Am Ende jedes Abschnittes gibt es Aufgaben zum Selbsttest, die nach kurzen Lerneinheiten eine schnelle Kontrolle ermöglichen. Am Ende der größeren Teile gibt es dann Aufgaben mit vollständigen Lösungen, für die das bis dahin erlangte Wissen Bedeutung hat.

Wir können mit diesem Werk nicht allen gefallen, wünschen uns aber, dass Sie Mathematik nicht nur als Mittel zum Zweck begreifen, sondern als das Wunderbare, was sie ist. Und wenn Sie Ihr Mobiltelefon bedienen, aus dem Fenster eines Hochhauses blicken, nach Ecuador fliegen oder mit dem Computer spielen: All dies wäre ohne Mathematik nie möglich!

Am Ende kommen wir mit Freude der Aufgabe nach, einigen Personen zu danken. Hans Tornatzky hat Teile der Vorlage getippt, Ulrike Bücking und Markus Müller waren Assistenten der Kurse und haben einige Dinge zum Besseren bewegt. Wir hatten das Glück, Andreas Rüdinger als kundigen und freundlichen Betreuer vom Verlag zu haben.

Wer die ersten beiden Bände bereits kennt, dem fällt sicher auf, dass in der Autorenschaft von Matthias Plaue zu Torsten Volland gewechselt wurde. Das aktuelle Team (das auch an anderen Stellen schon eine schöne Zusammenarbeit hatte) bedankt sich ausdrücklich bei Matthias für die geleistete Vorarbeit zu diesem dritten Band.

Am Ende haben wir den Studierenden des Kurses „Mathematik für Physike-rinnen und Physiker" an der TU Berlin zu danken, die wertvolle Anregungen in den Veranstaltungen und beim Lesen unserer Skripte gegeben hatten.

Mike Scherfner und Torsten Volland

Inhaltsverzeichnis

II Topologie und Analysis auf Mannigfaltigkeiten   69

III Funktionalanalysis 129

Teil I

Funktionentheorie

1 Komplexwertige Funktionen

Einblick

Reellwertige Funktionen hatten uns in den letzten Bänden intensiv begleitet und vieles ist mit ihnen möglich, insbesondere dann, wenn sie differenzierbar sind – von der Mathematik, sogar bis hin zur Physik. Warum sollten wir dann nicht untersuchen, was sich im Komplexen ergibt?

Eine komplexwertige Funktion heißt auf ihrem Definitionsbereich, hier eine Teilmenge der komplexen Zahlen, holomorph, wenn sie für jeden seiner Punkte komplex differenzierbar ist. Dabei wird die gleiche Idee verwendet, wie wir sie beim Differenzialquotienten bereits bei reellwertigen Funktionen kennengelernt hatten. Der Begriff der Holomorphie leitet sich dabei aus dem Griechischen ab und bedeutet, dass Funktionen mit dieser Eigenschaft als solche von vollständiger Form betrachtet werden.

Tatsächlich hatte sich die Mathematik bei der Erweiterung der Gedanken rund um die Differenzierbarkeit auf komplexwertige Funktionen sehr viel versprochen – nicht umsonst, wie die Geschichte und Resultate der Funktionentheorie zeigen. Letztere wiederum verdeutlicht mit ihrer Namensgebung gerade die historische Überzeugung, dass damit *die* Theorie der Funktionen gefunden wurde.

Es stellt sich heraus, dass die Untersuchung der Holomorphie tatsächlich zu überraschenden Ergebnissen führt, die wir im Reellen nicht finden. Auch haben holomorphe Funktionen zahlreiche Anwendungen im Bereich der Physik.

Holomorphie

▶ **Definition**

Eine Funktion $f\colon \mathbb{C} \supseteq U \to \mathbb{C}$ heißt komplex differenzierbar im Punkt $z_0 \in U$, falls der Grenzwert

$$f'(z_0) := \lim_{z \to z_0} \frac{f(z) - f(z_0)}{z - z_0} = \lim_{h \to 0} \frac{f(z_0 + h) - f(z_0)}{h}$$

existiert. Wir nennen f holomorph, wenn f in jedem Punkt ihres Definitionsbereichs U komplex differenzierbar ist. ◀

© Springer-Verlag GmbH Deutschland, ein Teil von Springer Nature 2023
M. Scherfner und T. Volland, *Mathematik für das Bachelorstudium III*,
https://doi.org/10.1007/978-3-8274-2558-4_1

Erläuterung

Das in der Definition verwendete Symbol $\overset{\circ}{\supseteq}$ bedeutet, dass U eine offene Teil-menge von $\mathbb{C}$ ist.

Erläuterung

Die Linearität, Kettenregel, Quotientenregel und Produktregel gelten – mit den gleichen Begründungen wie im reellen Fall – auch für die komplexe Ableitung; entsprechend sind holomorphe Funktionen stetig.

Beispiel

Konstante Funktionen und die Identität auf $\mathbb{C}$, allgemeiner auch Polynome und rationale Funktionen, sind holomorph.

Cauchy-Riemann'sche Differenzialgleichungen

Erläuterung

Über die bijektive Abbildung

$$\iota\colon \mathbb{R}^2 \to \mathbb{C}, \quad (x,y) \mapsto x + iy$$

kann der $\mathbb{R}$-Vektorraum $\mathbb{R}^2$ mit $\mathbb{C}$ identifiziert werden; die Verknüpfungen der Vektoraddition und der Multiplikation mit Skalaren übertragen sich vermöge der Linearität von ι auf $\mathbb{C}$:

$$\iota(x_1 + x_2, y_1 + y_2) = (x_1 + x_2) + i(y_1 + y_2),$$
$$\iota(\lambda x_1, \lambda y_1) = \lambda x_1 + i\lambda y_1$$

mit $x_{1/2}, y_{1/2}, \lambda \in \mathbb{R}$.

Wir nennen ι in diesem Zusammenhang einen Isomorphismus und sagt, $\mathbb{C}$ und $\mathbb{R}^2$ seien (als $\mathbb{R}$-Vektorräume) isomorph (griech. „von gleicher Gestalt"). Prak-tisch bedeutet dies einfach, dass wir uns komplexe Zahlen in der Zahlenebene vorstellen, und schreiben $(x,y) \cong x + iy$.

Auf diese Weise kann eine komplexe Funktion $f\colon \mathbb{C} \overset{\circ}{\supseteq} U \to \mathbb{C}$ auch als Abbil-dung von $\mathbb{R}^2$ nach $\mathbb{R}^2$ aufgefasst werden:

$$
\begin{array}{cccc}
f\colon & x + iy & \mapsto & f(x+iy) = u(x,y) + iv(x,y) \\
 & \cong & & \cong \\
\iota^{-1} \circ f \circ \iota\colon & (x,y) & \mapsto & (u(x,y), v(x,y))
\end{array}
$$

▶ **Definition**

Sei $f\colon \mathbb{C} \overset{\circ}{\supseteq} U \to \mathbb{C}$. Wenn die entsprechende reelle Abbildung $\iota^{-1} \circ f \circ \iota$ (im Sinne der reellen Analysis) differenzierbar ist, so nennen wir f reell differen-zierbar.   ◀

Erläuterung

Jede komplex differenzierbare Funktion ist reell differenzierbar. Jedoch ist nicht jede reell differenzierbare Funktion auch komplex differenzierbar; wir müssen eine weitere Bedingung an die Ableitung stellen.

Bevor wir diese Bedingung formulieren, stellen wir zunächst einmal fest, dass die Multiplikation mit einer festen komplexen Zahl eine lineare Abbildung ist, denn für fest gewähltes $a \in \mathbb{C}$ gilt

$$a \cdot (z_1 + z_2) = a \cdot z_1 + a \cdot z_2,$$
$$a \cdot (\lambda z_1) = \lambda (a \cdot z_1)$$

für alle $z_1, z_2 \in \mathbb{C}$ und $\lambda \in \mathbb{R}$. Durch Zerlegung in Real- und Imaginärteil erhalten wir die entsprechende darstellende Matrix in der reellen Darstellung:

$$\begin{aligned}
(a_1 + ia_2) \cdot (x + iy) &= a_1 x + i a_1 y + i a_2 x - a_2 y \\
&= (a_1 x - a_2 y) + i(a_2 x + a_1 y) \\
&\cong \begin{pmatrix} a_1 x - a_2 y \\ a_2 x + a_1 y \end{pmatrix} \\
&= \begin{pmatrix} a_1 & -a_2 \\ a_2 & a_1 \end{pmatrix} \cdot \begin{pmatrix} x \\ y \end{pmatrix}.
\end{aligned}$$

Erläuterung

Tatsächlich ist diese Abbildung eine Drehstreckung in der Ebene; dies sehen wir in der trigonometrischen Darstellung ($a_1 = r \cos \phi$, $a_2 = r \sin \phi$):

$$(a_1 + ia_2) \cdot (x + iy) \cong r \begin{pmatrix} \cos \phi & -\sin \phi \\ \sin \phi & \cos \phi \end{pmatrix} \cdot \begin{pmatrix} x \\ y \end{pmatrix}.$$

■ Satz

Eine Funktion $f \colon \mathbb{C} \overset{\circ}{\supseteq} U \to \mathbb{C}$ ist genau dann in $z_0 \in U$ komplex differenzierbar, wenn sie in diesem Punkt reell differenzierbar ist und das reelle Differenzial der Multiplikation mit einer komplexen Zahl, nämlich $f'(z_0)$, entspricht.

Beweis:

$\Rightarrow$ Sei f in $z_0 \in U$ komplex differenzierbar. Wir definieren für $h \in \mathbb{C}$ mit $z_0 + h \in U$:

$$F(h) := f(z_0 + h) - f(z_0) - f'(z_0)h$$

Da die Multiplikation mit der komplexen Zahl $f'(z_0)$ eine lineare Abbildung ist, haben wir die für reelle Differenzierbarkeit erforderliche Formel

$$f(z_0 + h) = f(z_0) + f'(z_0)h + F(h),$$

falls $\lim_{h \to 0} \frac{F(h)}{|h|} = 0$, oder äquivalent dazu: $\lim_{h \to 0} \left| \frac{F(h)}{h} \right| = 0$. Es gilt:

$$\lim_{h \to 0} \left| \frac{F(h)}{h} \right| = \lim_{h \to 0} \left| \frac{f(z_0 + h) - f(z_0) - f'(z_0)h}{h} \right|$$

$$= \lim_{h \to 0} \left| \frac{f(z_0 + h) - f(z_0)}{h} - f'(z_0) \right| = 0.$$

$\Leftarrow$ Sei f in $z_0 \in U$ reell differenzierbar, und das Differenzial entspreche der Multiplikation mit einer komplexen Zahl $a \in \mathbb{C}$, d.h.

$$f(z_0 + h) = f(z_0) + ah + F(h)$$

mit $\lim_{h \to 0} \frac{F(h)}{|h|} = 0$, folglich $\lim_{h \to 0} \frac{|F(h)|}{|h|} = \lim_{h \to 0} \left| \frac{F(h)}{h} \right| = 0$. Wir bemerken, dass dann auch $\lim_{h \to 0} \frac{F(h)}{h} = 0$ gilt, und es ergibt sich:

$$f'(z_0) = \lim_{h \to 0} \frac{f(z_0 + h) - f(z_0)}{h}$$

$$= \lim_{h \to 0} \frac{f(z_0) + ah + F(h) - f(z_0)}{h}$$

$$= \lim_{h \to 0} \frac{ah + F(h)}{h}$$

$$= a + \lim_{h \to 0} \frac{F(h)}{h} = a. \qquad \blacksquare$$

■ **Satz**
Eine Funktion $f \colon \mathbb{C} \overset{\circ}{\supseteq} U \to \mathbb{C}$ mit Zerlegung in Real- und Imaginärteil

$$f(x + iy) = u(x, y) + iv(x, y)$$

ist genau dann in $z_0 \in U$ komplex differenzierbar, wenn sie in diesem Punkt reell differenzierbar ist und die sog. Cauchy-Riemann-Gleichungen erfüllt sind:

$$\frac{\partial u}{\partial x} = \frac{\partial v}{\partial y},$$

$$\frac{\partial u}{\partial y} = -\frac{\partial v}{\partial x}.$$

Beweis: Das reelle Differenzial einer reell differenzierbaren Funktion f entspricht genau dann der Multiplikation mit einer komplexen Zahl, wenn es die Form

$$\begin{pmatrix} a_1 & -a_2 \\ a_2 & a_1 \end{pmatrix}$$

hat. Zugleich ist es aber auch durch die Jacobi-Matrix gegeben:

$$\begin{pmatrix} \frac{\partial u}{\partial x} & \frac{\partial u}{\partial y} \\ \frac{\partial v}{\partial x} & \frac{\partial v}{\partial y} \end{pmatrix}.$$

Ein Vergleich beider Matrizen zeigt schließlich die Gültigkeit der Cauchy-Riemann-Gleichungen.

∎

Erläuterung

Wir haben weiter oben bereits ganze Klassen von Funktionen angegeben, die holomorph sind, beispielsweise die Klasse der konstanten Funktionen. Den Nachweis können wir mit den zuletzt behandelten Cauchy-Riemann'schen Differenzialgleichungen leicht erbringen. Interessanter sind die folgenden beiden Beispiele, bei denen Nicht-Holomorphie auftaucht.

Beispiel

Sei $f\colon \mathbb{C} \to \mathbb{C}$, $f(z) = \bar{z}$. In Real- und Imaginärteil zerlegt haben wir $f(x+iy) = x - iy$, also $u(x,y) = x$ und $v(x,y) = -y$. Es gilt in diesem Fall

$$\frac{\partial u}{\partial x}(x,y) = 1 \neq -1 = \frac{\partial v}{\partial y}(x,y),$$

folglich ist f nicht holomorph.

Beispiel

Sei $f\colon \mathbb{C} \to \mathbb{C}$ die Funktion mit Zerlegung in Real- und Imaginärteil

$$f(x + iy) = \sin x \sin y - i \cos x \cos y = u(x,y) + iv(x,y).$$

Die partiellen Ableitungen berechnen sich zu

$$\frac{\partial u}{\partial x} = \cos x \sin y, \quad \frac{\partial u}{\partial y} = \sin x \cos y,$$

$$\frac{\partial v}{\partial x} = \sin x \cos y, \quad \frac{\partial v}{\partial y} = \cos x \sin y.$$

Die Cauchy-Riemann-Gleichung $\frac{\partial u}{\partial x} = \frac{\partial v}{\partial y}$ ist zwar erfüllt, nicht jedoch die Gleichung $\frac{\partial u}{\partial y} = -\frac{\partial v}{\partial x}$. Wir können auch f nicht auf eine geeignete offene Teilmenge von $\mathbb{C}$ einschränken, um Holomorphie zu erreichen, denn die Gleichung $\frac{\partial u}{\partial y} = -\frac{\partial v}{\partial x}$ ist nur für Punkte auf dem Gitter

$$G = \left\{ x + iy \in \mathbb{C} \mid x = \frac{\pi}{2} + k\pi \text{ oder } y = k\pi \text{ mit } k \in \mathbb{Z} \right\}$$

erfüllt – jedoch enthält G keine offene Teilmenge mehr, denn G besteht nur aus Randpunkten.

Wichtige Eigenschaften holomorpher Funktionen

■ <u>Satz</u>

Sei $f\colon \mathbb{C} \overset{\circ}{\supseteq} U \to \mathbb{C}$ eine holomorphe Funktion mit Zerlegung in Real- und Imaginärteil $f(x+iy) = u(x,y) + iv(x,y)$. Dann sind sowohl u als auch v harmonisch, d. h. $\triangle u = \triangle v = 0$.

Erläuterung

Das zuletzt Behandelte – und einige andere Teile der hier behandelten Funktionentheorie – hatten wir bereits im zweiten Band besprochen. Da hier jedoch eine Darstellung im größeren Zusammenhang durchgeführt wird, wiederholen wir hier bedeutsame Begriffe, was auch das Lesen ohne ein Ruckeln im Verlauf ermöglicht.

■ **Satz**

Sei $f: \mathbb{C} \to \mathbb{C}$ eine holomorphe Funktion. Wenn der Realteil von f konstant ist, dann ist f konstant.

Beweis: Sei $f(x + iy) = u(x, y) + iv(x, y)$ die Zerlegung von f in Real- und Imaginärteil. Da u konstant ist, gilt $\frac{\partial u}{\partial x} = \frac{\partial u}{\partial y} = 0$. Aus den Cauchy-Riemann-Gleichungen folgt, dass dann auch $\frac{\partial v}{\partial x} = \frac{\partial v}{\partial y} = 0$. Also verschwindet der Gradient von v, und somit ist auch v konstant.   ■

■ **Satz**

Seien $g, h: \mathbb{C} \to \mathbb{C}$ holomorphe Funktionen. Wenn sich die Realteile von g und h nur um eine Konstante unterscheiden, dann unterscheiden sich g und h nur um eine Konstante.

Beweis: Wenn der Realteil von $f := g - h$ konstant ist, dann ist f konstant, also $g = h + \text{konst.}$ ■

Erläuterung

Eine genauere Erklärung zu $\nabla v = 0 \Rightarrow v = \text{konst.}$:
Aus $\frac{\partial v}{\partial x} = 0$ folgt $v(x, y) = c_1(y)$, und aus $\frac{\partial v}{\partial y} = 0$ folgt $v(x, y) = c_2(x)$. Mithin gilt $c_1(x) = c_2(y) \Rightarrow \frac{dc_1}{dx} = 0 \Rightarrow v = c_1 = \text{konst.}$

Erläuterung

Wir können in den obigen Aussagen das Wort „Realteil" durch „Imaginärteil" ersetzen, und sie bleiben immer noch wahr.

Erläuterung

Das Differenzial einer holomorphen Funktion ist die Nullabbildung oder eine Drehstreckung. Drehstreckungen sind sog. konforme Abbildungen, d. h. sie erhalten Winkel; es gilt nämlich für alle $x, y \in \mathbb{R}^2$

$$\cos \measuredangle(rRx, rRy) = \frac{\langle rRx, rRy \rangle}{\|rRx\|\|rRy\|} = \frac{r^2 \langle x, y \rangle}{r^2 \|x\|\|y\|} = \cos \measuredangle(x, y),$$

falls $r \in]0, \infty[$ und $R \in M(2 \times 2, \mathbb{R})$ eine Drehmatrix ist. Holomorphe Funktionen sind zwar im Allgemeinen nicht konform, jedoch in erster Ordnung, also in jeder Umgebung eines Punktes „annähernd konform". Deshalb nennen wir eine holomorphe Funktion, deren Ableitung nirgends verschwindet, auch lokal konform.

Potenzreihen über $\mathbb{C}$

▶ Definition

Eine Reihe $\sum_{n=0}^{\infty} c_n$ heißt konvergent, wenn die Folge der Partialsummen $S_N = \sum_{n=0}^{N} c_n$ konvergiert. Der Grenzwert der Reihe ist dann definiert als der Grenzwert der Partialsummen:

$$\sum_{n=0}^{\infty} c_n = \lim_{N \to \infty} S_N.$$

Die Reihe heißt absolut konvergent, wenn $S_N^* = \sum_{n=0}^{N} |c_n|$ konvergiert.   ◀

Erläuterung

Alle Folgen und Reihen, die wir hier betrachten, sind im Allgemeinen als komplexwertig anzunehmen.

■ Satz

Jede absolut konvergente Reihe ist konvergent.

Erläuterung

Trotzdem gilt natürlich im Allgemeinen $\sum_{n=0}^{\infty} c_n \neq \sum_{n=0}^{\infty} |c_n|$; der Satz macht keine Aussage über den Grenzwert.

■ Satz

Wenn die Reihe $\sum_{n=0}^{\infty} c_n$ konvergiert, dann ist (c_n) eine Nullfolge.

Erläuterung

Die Umkehrung des Satzes gilt im Allgemeinen nicht; beispielsweise ist $\sum_{n=1}^{\infty} \frac{1}{n}$ divergent.

Beispiel

Die geometrische Reihe

$$\sum_{n=0}^{\infty} q^n$$

ist absolut konvergent für alle $q \in \mathbb{C}$ mit $|q| < 1$. Sie ist divergent für alle $q \in \mathbb{C}$ mit $|q| \geq 1$.

■ Satz

Majorantenkriterium. Sei $\sum_{n=0}^{\infty} d_n$ eine absolut konvergente Reihe. Dann konvergiert eine Reihe $\sum_{n=0}^{\infty} c_n$ ebenfalls absolut, falls für fast alle $n \in \mathbb{N}$ gilt: $|c_n| \leq |d_n|$.

► **Definition**

Eine Reihe der Form

$$\sum_{n=0}^{\infty} a_n(z - z_0)^n$$

heißt Potenzreihe mit Entwicklungspunkt $z_0 \in \mathbb{C}$ (in der Variablen $z \in \mathbb{C}$).   ◄

Erläuterung

Für das Folgende genügen zumeist Potenzreihen der Form

$$\sum_{n=0}^{\infty} a_n z^n \, ,$$

also Potenzreihen mit Entwicklungspunkt $z_0 = 0$.

■ **Satz**

Wenn die Reihe $\sum_{n=0}^{\infty} a_n v^n$ konvergiert, dann konvergiert $\sum_{n=0}^{\infty} a_n u^n$ absolut, falls $|u| < |v|$.

Beweis: Da $\sum_{n=0}^{\infty} a_n v^n$ konvergiert, ist die Folge $(a_n v^n)$ der Summanden eine Nullfolge. Dies impliziert, dass $|a_n v^n|$ ab einem $N \in \mathbb{N}$ sicher kleiner ist als eins. Damit ergibt sich mit $q := \frac{|u|}{|v|} < 1$:

$$\sum_{n=N}^{\infty} |a_n v^n| q^n < \sum_{n=N}^{\infty} q^n < \infty.$$

Mit $\sum_{n=N}^{\infty} |a_n v^n| q^n$ konvergiert aber auch sicher $\sum_{n=0}^{\infty} |a_n v^n| q^n$. Damit sind wir auch schon praktisch fertig, denn:

$$\sum_{n=0}^{\infty} |a_n u^n| = \sum_{n=0}^{\infty} |a_n v^n| \left(\frac{|u|}{|v|} \right)^n$$

$$= \sum_{n=0}^{\infty} |a_n v^n| q^n. \qquad ■$$

Dies bedeutet, dass Bereiche absoluter Konvergenz einer Potenzreihe durch Kreisscheiben um den Entwicklungspunkt gegeben sind. Tatsächlich gilt sogar:

■ **Satz**

Für jede Potenzreihe $\sum_{n=0}^{\infty} a_n z^n$ existiert ein $R \in [0, \infty[\, \cup \{+\infty\}$, sodass die Reihe für alle $z \in \mathbb{C}$ mit $|z| < R$ absolut konvergiert und für alle $z \in \mathbb{C}$ mit $|z| > R$ divergiert.

Beweis: Sei $D \subseteq \mathbb{C}$ die Menge aller Punkte, für die die Reihe konvergiert. Es gilt in jedem Fall $0 \in D$, folglich ist D nicht leer. Sei ferner

$$R := \sup_{z \in D} |z|.$$

Nach dem vorigen Satz konvergiert die Reihe für alle $z \in \mathbb{C}$ mit $|z| < R$ absolut. Nach Konstruktion von R divergiert die Reihe für alle $z \in \mathbb{C}$ mit $|z| > R$. ∎

Erläuterung

Wir nennen R den Konvergenzradius der Potenzreihe.

Für $|z| = R$ macht der Satz keine Aussage. Die Potenzreihe kann an einigen dieser Punkte konvergieren, an einigen sogar absolut konvergieren und an den übrigen divergieren.

Erläuterung

Die durch $f_N(z) = \sum_{n=0}^{N} a_n z^n$ gegebene Folge von Funktionen konvergiert gleichmäßig gegen die Grenzfunktion $f \colon U_R(0) \to \mathbb{C}$, $f(z) = \sum_{n=0}^{\infty} a_n z^n$, d. h.

$$\lim_{N \to \infty} \sup_{z \in U_R(0)} |f_N(z) - f(z)| = 0.$$

Die Grenzfunktion ist (so wie jeder gleichmäßige Limes stetiger Funktionen) stetig.

■ Satz

Für den Konvergenzradius R einer Potenzreihe $\sum_{n=0}^{\infty} a_n z^n$ gilt

$$\frac{1}{R} = \varlimsup_{n \to \infty} \sqrt[n]{|a_n|}.$$

Außerdem gilt

$$R = \lim_{n \to \infty} \left| \frac{a_n}{a_{n+1}} \right|,$$

falls der Grenzwert existiert (∞ eingeschlossen).

Erläuterung

Die erste Formel ist so zu verstehen, dass $R = 0$, falls $\varlimsup_{n \to \infty} \sqrt[n]{|a_n|} = \infty$, und $R = \infty$, falls $\varlimsup_{n \to \infty} \sqrt[n]{|a_n|} = 0$.

Beispiel

Die Reihe $\sum_{n=0}^{\infty} n! z^n$ konvergiert nur für $z = 0$:

$$R = \lim_{n \to \infty} \left| \frac{n!}{(n+1)!} \right| = \lim_{n \to \infty} \frac{1}{n+1} = 0.$$

Beispiel

Die Reihe $\sum_{n=0}^{\infty} \frac{1}{n!} z^n$ konvergiert in der ganzen komplexen Ebene:

$$R = \lim_{n \to \infty} \left| \frac{(n+1)!}{n!} \right| = \lim_{n \to \infty} (n+1) = \infty.$$

Beispiel

Die Potenzreihe $\sum_{n=0}^{\infty} e^n z^{2n}$ geht durch die Substitution $t = z^2$ über in

$$\sum_{n=0}^{\infty} e^n t^n.$$

Der Konvergenzradius R_0 dieser Potenzreihe in t ist gegeben durch

$$\frac{1}{R_0} = \overline{\lim_{n \to \infty}} \sqrt[n]{e^n} = e.$$

Den Konvergenzradius R der ursprünglichen Reihe erhalten wir durch Rücksubstitution:

$$R = \sqrt{R_0} = \frac{1}{\sqrt{e}}.$$

Beispiel

Die Potenzreihe $\sum_{n=0}^{\infty} e^{in} z^n$ hat den Konvergenzradius

$$\frac{1}{R} = \overline{\lim_{n \to \infty}} \sqrt[n]{|e^{in}|} = \overline{\lim_{n \to \infty}} \sqrt[n]{1} = 1 \; ;$$

oder auf die andere Weise berechnet:

$$R = \lim_{n \to \infty} \left| \frac{e^{in}}{e^{i(n+1)}} \right| = \lim_{n \to \infty} |e^{-i}| = \lim_{n \to \infty} 1 = 1.$$

Beispiel

Sei (a_n) die Folge mit

$$a_n = \begin{cases} 1 & \text{für } n \text{ gerade,} \\ \frac{1}{n} & \text{für } n \text{ ungerade.} \end{cases}$$

Diese Folge setzt sich offensichtlich aus genau zwei konvergenten Teilfolgen zusammen. Für den Konvergenzradius von $\sum_{n=0}^{\infty} a_n z^n$ ergibt sich:

$$\frac{1}{R} = \overline{\lim_{n \to \infty}} \sqrt[n]{|a_n|} = \lim_{n \to \infty} \sqrt[n]{1} = 1.$$

Das andere Kriterium liefert kein brauchbares Ergebnis, denn der Grenzwert von

$$\left| \frac{a_n}{a_{n+1}} \right| = \begin{cases} n+1 & \text{für } n \text{ gerade,} \\ \frac{1}{n} & \text{für } n \text{ ungerade} \end{cases}$$

existiert nicht.

Erläuterung

Auf dem Rand des Konvergenzbereichs können keine allgemeingültigen Aussagen hinsichtlich der Konvergenz gemacht werden.

Beispiel

Die Potenzreihe $\sum_{n=1}^{\infty} \frac{z^n}{n^2}$ hat den Konvergenzradius $R = 1$. Sie konvergiert für alle $z \in \mathbb{C}$ mit $|z| = 1$.

Die Potenzreihe $\sum_{n=1}^{\infty} \frac{z^n}{n}$ hat den Konvergenzradius $R = 1$. Sie konvergiert für $z = -1$ und divergiert für $z = 1$.

Die Potenzreihe $\sum_{n=1}^{\infty} \frac{z^{2n}}{n}$ hat den Konvergenzradius $R = 1$. Sie konvergiert für $z = \pm i$ und divergiert für $z = \pm 1$.

■ Satz

Sei $\sum_{n=0}^{\infty} a_n z^n$ eine Potenzreihe mit Konvergenzradius R. Dann ist

$$f : U_R(0) \to \mathbb{C}, \quad f(z) = \sum_{n=0}^{\infty} a_n z^n$$

eine holomorphe Funktion mit Ableitung

$$f' : U_R(0) \to \mathbb{C}, \quad f'(z) = \sum_{n=1}^{\infty} n a_n z^{n-1}.$$

Erläuterung

Um diesen Satz zu beweisen, benötigen wir zur Vorbereitung den (u. U. noch aus der Schule bekannten) binomischen Lehrsatz sowie zwei weitere Hilfssätze:

■ Satz

Binomischer Lehrsatz. Seien $a, b \in \mathbb{C}$. Dann gilt

$$(a + b)^n = \sum_{k=0}^{n} \binom{n}{k} a^k b^{n-k}$$

mit den sog. Binomialkoeffizienten

$$\binom{n}{k} := \frac{n!}{k!(n-k)!}.$$

Beweis: Für $n = 0$ ist die Behauptung sicher richtig, denn auf der linken Seite der Gleichung steht dann $(a + b)^0 = 1$, und auf der rechten Seite steht nur ein Summand, nämlich

$$\binom{0}{0} a^0 b^{0-0} = \frac{0!}{0!(0-0)!} \cdot 1 = 1.$$

Für den Induktionsschritt stellen wir vorab fest, dass

$$\binom{n}{k-1} + \binom{n}{k} = \frac{n!}{(k-1)!(n-(k-1))!} + \frac{n!}{k!(n-k)!}$$

$$= \frac{n!}{(k-1)!(n-k+1)!} + \frac{n!}{k!(n-k)!}$$

$$= \frac{n!k}{k!(n-k+1)!} + \frac{n!(n-k+1)}{k!(n-k+1)!}$$

$$= \frac{n!(n+1)}{k!(n-k+1)!}$$

$$= \frac{(n+1)!}{k!(n+1-k)!} = \binom{n+1}{k}.$$

Sei die Behauptung nun für ein beliebiges, aber festes n bereits bewiesen. Dann gilt:

$$(a+b)^{n+1} = (a+b)(a+b)^n$$

$$= (a+b) \sum_{k=0}^{n} \binom{n}{k} a^k b^{n-k}$$

$$= a \sum_{k=0}^{n} \binom{n}{k} a^k b^{n-k} + b \sum_{k=0}^{n} \binom{n}{k} a^k b^{n-k}$$

$$= \sum_{k=0}^{n} \binom{n}{k} a^{k+1} b^{n-k} + \sum_{k=0}^{n} \binom{n}{k} a^k b^{n-k+1}$$

$$= \sum_{k=1}^{n+1} \binom{n}{k-1} a^k b^{n-k+1} + \sum_{k=0}^{n} \binom{n}{k} a^k b^{n-k+1}$$

$$= a^{n+1} + \sum_{k=1}^{n} \binom{n}{k-1} a^k b^{n-k+1} + \sum_{k=1}^{n} \binom{n}{k} a^k b^{n-k+1} + b^{n+1}$$

$$= a^{n+1} + \sum_{k=1}^{n} \left(\binom{n}{k-1} + \binom{n}{k} \right) a^k b^{n-k+1} + b^{n+1}$$

$$= b^{n+1} + \sum_{k=1}^{n} \binom{n+1}{k} a^k b^{n-k+1} + a^{n+1}$$

$$= \sum_{k=0}^{n+1} \binom{n+1}{k} a^k b^{n+1-k}.$$

Das ist aber gerade die Behauptung für $n+1$.   ∎

■ Satz
Sei R_0 der Konvergenzradius von $\sum_{n=0}^{\infty} a_n z^n$ und R der Konvergenzradius von $\sum_{n=1}^{\infty} n a_n z^{n-1}$. Dann gilt $R_0 = R$.

Beweis: Zunächst einmal ist $\lim_{n \to \infty} \sqrt[n]{n} = 1$. Dies sehen wir z. B. am entsprechenden kontinuierlichen Limes:

$$\lim_{x \to \infty} x^{\frac{1}{x}} = \lim_{x \to \infty} \exp \left(\ln \left(x^{\frac{1}{x}} \right) \right)$$
$$= \lim_{x \to \infty} \exp \left(\frac{\ln (x)}{x} \right)$$
$$= \lim_{x \to \infty} \exp \left(\frac{\frac{1}{x}}{1} \right)$$
$$= e^0 = 1.$$

Für die Konvergenzradien gilt somit:

$$\frac{1}{R} = \varlimsup_{n \to \infty} \sqrt[n]{|na_n|} = \lim_{n \to \infty} \sqrt[n]{n} \cdot \varlimsup_{n \to \infty} \sqrt[n]{|a_n|} = 1 \cdot \frac{1}{R_0},$$

also $R = R_0$. ∎

■ **Satz**

Für alle $h, z \in \mathbb{C}$ mit $h \neq 0$ und $n \in \mathbb{N}$ mit $n \geq 2$ gilt

$$\left| \frac{(z+h)^n - z^n}{h} - nz^{n-1} \right| \leq n(n-1)|h| \left(|h| + |z| \right)^{n-2}.$$

Beweis: Wir halten zunächst einmal fest, dass für $n \geq k \geq 2$ gilt:

$$n(n-1)\binom{n-2}{k-2} = n(n-1)\frac{(n-2)!}{(k-2)!((n-2)-(k-2))!}$$
$$= k(k-1)\frac{n(n-1)(n-2)!}{k(k-1)(k-2)!(n-k)!}$$
$$= k(k-1)\frac{n!}{k!(n-k)!}$$
$$\geq \frac{n!}{k!(n-k)!} = \binom{n}{k}.$$

Damit ergibt sich:

$$n(n-1)|h|(|h|+|z|)^{n-2} = n(n-1)|h| \sum_{k=0}^{n-2} \binom{n-2}{k} |h|^k |z|^{n-2-k}$$
$$= n(n-1)|h| \sum_{k=2}^{n} \binom{n-2}{k-2} |h|^{k-2} |z|^{n-2-(k-2)}$$
$$= \sum_{k=2}^{n} n(n-1) \binom{n-2}{k-2} |h|^{k-1} |z|^{n-k}$$

$$\geq \sum_{k=2}^{n} \binom{n}{k} |h|^{k-1} |z|^{n-k}$$

$$\geq \left| \sum_{k=2}^{n} \binom{n}{k} h^{k-1} z^{n-k} \right|$$

$$= \left| \frac{1}{h} \sum_{k=2}^{n} \binom{n}{k} h^{k} z^{n-k} \right|$$

$$= \left| \frac{1}{h} \left(\sum_{k=0}^{n} \binom{n}{k} h^{k} z^{n-k} - nhz^{n-1} - z^{n} \right) \right|$$

$$= \left| \frac{1}{h} \left((z+h)^{n} - z^{n} - nhz^{n-1} \right) \right|$$

$$= \left| \frac{(z+h)^{n} - z^{n}}{h} - nz^{n-1} \right| .$$ ∎

Erläuterung

Wir können nun endlich den Satz beweisen, nach dem Potenzreihen in ihren jeweiligen Konvergenzkreisscheiben holomorph sind:

Beweis: Sei also $f(z) = \sum_{n=0}^{\infty} a_n z^n$ eine Potenzreihe mit Konvergenzradius $R > 0$; im Fall $R = 0$ gibt es nichts zu zeigen. Wir haben bereits eingesehen, dass die Reihe $\sum_{n=0}^{\infty} na_n z^{n-1}$ denselben Konvergenzbereich $U_R(0)$ hat; es bleibt zu beweisen, dass sie auch tatsächlich die Ableitung von f darstellt. Wir wählen $\delta, r > 0$ so, dass $|z| + \delta = r < R$. Der Differenzenquotient von f ist dann gegeben durch

$$\frac{f(z+h) - f(z)}{h} = \frac{\sum_{n=0}^{\infty} a_n (z+h)^n - \sum_{n=0}^{\infty} a_n z^n}{h}$$

mit $0 < |h| < \delta$. Mit dem vorigen Satz ergibt sich für die Differenz des Differenzenquotienten und der formalen Ableitung $\sum_{n=0}^{\infty} na_n z^{n-1}$:

$$\left| \frac{\sum_{n=0}^{\infty} a_n (z+h)^n - \sum_{n=0}^{\infty} a_n z^n}{h} - \sum_{n=0}^{\infty} na_n z^{n-1} \right|$$

$$= \left| \sum_{n=0}^{\infty} a_n \left(\frac{(z+h)^n - z^n}{h} - nz^{n-1} \right) \right|$$

$$\leq \sum_{n=0}^{\infty} |a_n| \left| \frac{(z+h)^n - z^n}{h} - nz^{n-1} \right|$$

$$\leq \sum_{n=2}^{\infty} |a_n| n(n-1)|h|(|h| + |z|)^{n-2}$$

$$< |h| \sum_{n=2}^{\infty} (n-1)n|a_n|r^{n-2} .$$

Die Reihe $\sum_{n=2}^{\infty}(n-1)n|a_n|r^{n-2}$ konvergiert (wir beachten: $0 < r < R$). Folglich verschwindet der obige Term für $h \to 0$. ∎

▶ **Definition**

Für alle $z \in \mathbb{C}$ sei:

$$\exp(z) := \sum_{n=0}^{\infty} \frac{z^n}{n!},$$

$$\sin(z) := \sum_{n=0}^{\infty}(-1)^n \frac{z^{2n+1}}{(2n+1)!},$$

$$\cos(z) := \sum_{n=0}^{\infty}(-1)^n \frac{z^{2n}}{(2n)!},$$

$$\sinh(z) := \sum_{n=0}^{\infty} \frac{z^{2n+1}}{(2n+1)!},$$

$$\cosh(z) := \sum_{n=0}^{\infty} \frac{z^{2n}}{(2n)!}.$$

◀

Erläuterung

Die oben definierten Funktionen stimmen auf der reellen Achse mit den bekannten Funktionen exp, sin, cos, sinh und cosh überein. Sie sind auf ganz $\mathbb{C}$ holomorph. Holomorphe Funktionen, die auf der gesamten komplexen Ebene definiert sind, nennen wir auch ganz.

■ **Satz**

Für alle $z \in \mathbb{C}$ gilt

$$\exp'(z) = \exp(z),$$

$$\sin'(z) = \cos(z),$$

$$\cos'(z) = -\sin(z),$$

$$\sinh'(z) = \cosh(z),$$

$$\cosh'(z) = \sinh(z).$$

Beweis:

$$\exp'(z) = \sum_{n=1}^{\infty} n \frac{z^{n-1}}{n!}$$

$$= \sum_{n=1}^{\infty} \frac{z^{n-1}}{(n-1)!}$$

$$= \sum_{n=0}^{\infty} \frac{z^n}{n!}$$

$$= \exp(z),$$

$$\sin'(z) = \sum_{n=0}^{\infty} (2n+1)(-1)^n \frac{z^{2n}}{(2n+1)!}$$

$$= \sum_{n=0}^{\infty} (2n+1)(-1)^n \frac{z^{2n}}{(2n+1)(2n)!}$$

$$= \sum_{n=0}^{\infty} (-1)^n \frac{z^{2n}}{(2n)!}$$

$$= \cos(z),$$

$$\cos'(z) = \sum_{n=1}^{\infty} (2n)(-1)^n \frac{z^{2n-1}}{(2n)(2n-1)!}$$

$$= \sum_{n=0}^{\infty} (-1)^{n+1} \frac{z^{2n+1}}{(2n+1)!}$$

$$= - \sum_{n=0}^{\infty} (-1)^n \frac{z^{2n+1}}{(2n+1)!}$$

$$= - \sin(z).$$

Der Rest folgt auf analoge Weise. ∎

Ausblick

Komplexwertige Funktionen haben offenbar viele schöne Eigenschaften, insbesondere wenn wir an Holomorphie denken. Blicken wir auf den Zusammenhang zu harmonischen Funktionen und betrachten beispielsweise die Funktion $f : \mathbb{R}^2 \to \mathbb{R}$ mit $f(x,y) = x^2 - y^2$. Dazu erhalten wir sofort $\triangle f(x,y) = 2 - 2 = 0$, also erfüllt f die Laplace-Gleichung und wir erhalten zur untersuchten Funktion die Grafik weiter unten.

Denken wir uns nun durch den Schwerpunkt des Graphen entlang der z-Achse (wir vertrauen hier auf Ihre Intuition) den Weg eines Teilchens, so können wir uns anschaulich gut vorstellen, dass die dargestellten wellenartigen Gebilde dieses zentriert halten (dies wird tatsächlich in Beschleunigern zur Fokussierung von sog. Teilchenstrahlen verwendet). Es wird Sie vor keine große Herausforderung stellen, eine holomorphe Funktion zu finden, die f als Real- oder Imaginärteil hat.

Dieses kleine Beispiel ist eines aus einer ganzen Reihe, die über den Real- bzw. Imaginärteil holomorpher Funktionen zu physikalischen Anwendungen führen.

Nun haben wir uns primär mit Ableitungen beschäftigt – auf diese folgten in der reellen Betrachtung die Integrale; so sei es auch hier.

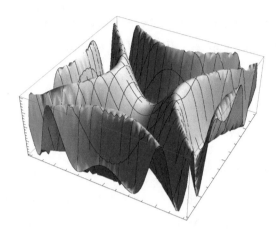

Selbsttest

I. Seien eine Funktion $f\colon \mathbb{C} \stackrel{\circ}{\supseteq} U \to \mathbb{C}$ und $w \in U$ gegeben. Welche der Aussagen ist äquivalent zur komplexen Differenzierbarkeit von f im Punkt w?

(1)   Der Grenzwert $\lim_{h\to 0} \frac{f(w+h)-f(w)}{h}$ existiert.

(2)   Der Grenzwert $\lim_{z\to w} \frac{f(z)-f(w)}{|z-w|}$ existiert.

(3)   Der Grenzwert $\lim_{z\to w} \frac{|f(z)-f(w)|}{|z-w|}$ existiert.

(4)   Der Grenzwert $\lim_{z\to w} \frac{f(z)-f(w)}{z-w}$ existiert.

II. Welche Funktionen sind holomorph?

(1) $f\colon \mathbb{C} \to \mathbb{C},\ f(z) := \operatorname{Re} z$ (4) $f\colon \mathbb{C} \setminus \{0\} \to \mathbb{C},\ f(z) := \frac{1}{z}$

(2) $f\colon \mathbb{C} \to \mathbb{C},\ f(z) := \operatorname{Im} z$ (5) $f\colon \mathbb{C} \setminus \{0\} \to \mathbb{C},\ f(z) := |z|^2$

(3) $f\colon \mathbb{C} \to \mathbb{C},\ f(z) := \bar{z}$

III. Für $f\colon \mathbb{C} \stackrel{\circ}{\supseteq} U \to \mathbb{C}$ und $f \circ \iota\colon (x,y) \mapsto f(x+iy) = u(x,y) + iv(x,y)$ seien die so genannten Wirtinger-Ableitungen definiert als

$$\frac{\partial f}{\partial z} := \frac{1}{2}\left(\frac{\partial f \circ \iota}{\partial x} - i\frac{\partial f \circ \iota}{\partial y}\right) \quad \text{und} \quad \frac{\partial f}{\partial \bar{z}} := \frac{1}{2}\left(\frac{\partial f \circ \iota}{\partial x} + i\frac{\partial f \circ \iota}{\partial y}\right)$$

oder in etwas laxer Schreibweise

$$\frac{\partial f}{\partial z} := \frac{1}{2}\left(\frac{\partial f}{\partial x} - i\frac{\partial f}{\partial y}\right) \quad \text{und} \quad \frac{\partial f}{\partial \bar{z}} := \frac{1}{2}\left(\frac{\partial f}{\partial x} + i\frac{\partial f}{\partial y}\right).$$

Zu welchen Aussagen sind die Cauchy-Riemann-Gleichungen jeweils äquivalent?

(1)   (2)   (3)

$$\frac{\partial f}{\partial z} = 0 \qquad\qquad \frac{\partial f}{\partial \bar{z}} = 0 \qquad\qquad \frac{\partial f}{\partial z} = \frac{\partial f}{\partial \bar{z}} = 0$$

2 Integration komplexwertiger Funktionen

Einblick

Wer differenzieren kann, der möchte nach den Erfahrungen aus der reellen Analysis sicher auch gerne etwas über das Integrieren erfahren. Im Komplexen betrachten wir die Gauß´sche Zahlenebene, also ist zu erwarten, dass wir hier Kurvenintegralen begegnen werden.

Im Komplexen bekommen wir wunderbare Aussagen in Bezug auf Integrale, wenn die betrachteten Kurven beispielsweise die Ränder von Rechtecken sind. Die Resultate sind eng mit dem Namen von Cauchy verbunden, der uns viel früher bereits beim Thema der Folgen begegnete.

Im Zentrum steht sodann der Integralsatz von Cauchy, der so interpretiert werden kann: Zwei Kurven, welche die gleichen Punkte verbinden, haben die gleichen Integrale, sofern die zu integrierende Funktion überall zwischen den zwei Kurven holomorph ist.

Kurvenintegrale

Erläuterung

Wir wollen eine Funktion $f\colon [a,b] \to \mathbb{C}$ stückweise stetig nennen, wenn $\mathrm{Re}(f)$ und $\mathrm{Im}(f)$ stückweise stetig sind. Solche Abbildungen können als Abschnitte von stetigen Kurven in der komplexen Ebene aufgefasst werden.

▶ Definition

Sei $f\colon [a,b] \to \mathbb{C}$ eine stückweise stetige Funktion mit Zerlegung in Real- und Imaginärteil $f(t) = u(t) + iv(t)$. Dann definieren wir

$$\int_a^b f(t)\,dt = \int_a^b u(t)\,dt + i \int_a^b v(t)\,dt$$

und

$$f'(t) = u'(t) + iv'(t). \qquad \blacktriangleleft$$

■ Satz

Seien $c_1, c_2 \in \mathbb{C}$ und $f, f_1, f_2\colon [a,b] \to \mathbb{C}$ stückweise stetig. Dann gilt:

© Springer-Verlag GmbH Deutschland, ein Teil von Springer Nature 2023
M. Scherfner und T. Volland, *Mathematik für das Bachelorstudium III*,
https://doi.org/10.1007/978-3-8274-2558-4_2

1. $\int_a^b (c_1 f_1(t) + c_2 f_2(t))\, dt = c_1 \int_a^b f_1(t)\, dt + c_2 \int_a^b f_2(t)\, dt$

2. $\int_a^b \overline{f(t)}\, dt = \overline{\int_a^b f(t)\, dt}$

3. $\left| \int_a^b f(t)\, dt \right| \leq \int_a^b |f(t)|\, dt$

4. $\int_a^b f(t)\, dt = F(b) - F(a)$, falls $F \colon [a,b] \to \mathbb{C}$ mit $F' = f$
   (Hauptsatz der Differenzial- und Integralrechnung)

Beweis: Wir wenden die bekannten Rechenregeln für reelle Integrale auf Real- und Imaginärteile an. ∎

▶ **Definition**

Sei $f \colon \mathbb{C} \supseteq U \to \mathbb{C}$ stetig, und sei $\gamma \colon [a,b] \to \mathbb{C}$ eine stetig differenzierbare Kurve in $U \colon \gamma([a,b]) \subseteq U$. Dann heißt

$$\int_\gamma f(z)\, dz := \int_a^b f(\gamma(t))\gamma'(t)\, dt$$

Kurvenintegral über f entlang γ. ◀

Erläuterung

Es gilt

$$\left| \int_\gamma f(z)\, dz \right| \leq \int_a^b |f(\gamma(t))| |\gamma'(t)|\, dt.$$

Erläuterung

Ist $\gamma \colon [a,b] \to \mathbb{C}$ nur stückweise stetig differenzierbar, d. h. stetig und aus endlich vielen stetig differenzierbaren Kurven $\gamma_1, \ldots, \gamma_k$ zusammengesetzt, so ist das Kurvenintegral über γ wie üblich definiert als die Summe der Teilintegrale:

$$\int_\gamma f(z)\, dz := \sum_{i=1}^k \int_{\gamma_i} f(z)\, dz.$$

Beispiel

Die Strecke von $a \in \mathbb{C}$ nach $b \in \mathbb{C}$ ist gegeben durch $\gamma(t) = a + t(b - a)$ mit $0 \leq t \leq 1$.

Beispiel

Eine einmal durchlaufene Kreislinie mit Radius $r \in \,]0, \infty[$ und Mittelpunkt $z_0 \in \mathbb{C}$ ist mit $0 \leq t < 2\pi$ gegeben durch:

$$\gamma^{(+)}(t) = z_0 + re^{it} \quad \text{(mathematisch positiver Umlaufsinn) oder}$$

$$\gamma^{(-)}(t) = z_0 + re^{-it} \quad \text{(mathematisch negativer Umlaufsinn)}.$$

Darüber hinaus können auch noch einen anderer Startpunkt und eine andere Winkelgeschwindigkeit gewählt werden:

$$\gamma(t) = z_0 + re^{\pm i\omega(t-t_0)} ,$$

wobei nun $0 \leq t < \frac{2\pi}{\omega}$ ist.

Beispiel

Die Bahnkurve, die ein Randpunkt einer kreisförmigen Scheibe (z. B. das Rad eines Autos) mit Radius $r \in]0, \infty[$ beschreibt, welche auf der reellen Achse abrollt, nennen wir Zykloide:

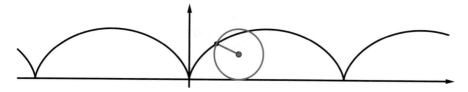

Der Kreis rollt im Uhrzeigersinn ab (also in mathematisch negativer Richtung), sodass wir als Ansatz wählen:

$$\gamma(t) = z_0(t) + re^{-i\omega(t-t_0)}.$$

Wir nehmen an, dass sich der Mittelpunkt $z_0(t)$ der Scheibe gleichförmig-geradlinig parallel zur reellen Achse mit der Geschwindigkeit $v \in]0, \infty[$ nach rechts bewegt und zum Zeitpunkt $t = 0$ den Punkt $z_0(0) = ir$ passiert:

$$z_0(t) = ir + vt.$$

Zum Zeitpunkt $t = 0$ wählen wir (wie in der Skizze) als betrachteten Randpunkt $\gamma(0) = 0$. Das Argument muss deshalb entsprechend um $t_0 = -\frac{\pi}{2\omega}$ verschoben werden:

$$\gamma(t) = z_0(t) + re^{-i\omega\left(t+\frac{\pi}{2\omega}\right)} = ir + vt + re^{-i\omega t - i\frac{\pi}{2}}.$$

Die Winkelgeschwindigkeit ω und die Geschwindigkeit der Fortbewegung v sind nicht unabhängig voneinander. Der Kreismittelpunkt legt in der Zeitspanne $\Delta t = \frac{2\pi}{\omega}$ den vollständigen Umfang des Kreises $\Delta x = 2\pi r$ zurück:

$$v = \frac{\Delta x}{\Delta t} = \frac{2\pi r}{\frac{2\pi}{\omega}} = \omega r.$$

Es ergibt sich schließlich als eine mögliche Parametrisierung der Zykloide:

$$\gamma(t) = ir + \omega rt + re^{-i\omega t - i\frac{\pi}{2}}$$
$$= r\left(i + \omega t + e^{-i\omega t - i\frac{\pi}{2}}\right).$$

Sind wir nur an einer mathematischen Beschreibung der Bahnkurve interessiert, so können wir $\omega = 1$ wählen:

$$\gamma(t) = r\left(i + t + e^{-i\left(t+\frac{\pi}{2}\right)}\right).$$

Speziell für den Einheitskreis ($r = 1$) ergibt sich:

$$\gamma(t) = i + t + e^{-i\left(t+\frac{\pi}{2}\right)}.$$

Beispiel

Wir berechnen das Kurvenintegral über die Funktion $f\colon \mathbb{C} \to \mathbb{C}$, $f(z) = \exp(2z)$ entlang der Kurve $\gamma\colon [0,2] \to \mathbb{C}$, $\gamma(t) = i\pi t$:

$$\begin{aligned}
\int_\gamma f(z)\,dz &= \int_0^2 f(\gamma(t))\gamma'(t)\,dt \\
&= \int_0^2 e^{2i\pi t}\cdot(i\pi)\,dt \\
&= \frac{i\pi}{2i\pi}e^{2i\pi t}\bigg|_{t=0}^{2} \\
&= \frac{1}{2}e^{4i\pi} - \frac{1}{2}e^{0} \\
&= \frac{1}{2} - \frac{1}{2} = 0.
\end{aligned}$$

▶ Definition

Sei $\gamma_1\colon [t_0, t_1] \to \mathbb{C}$ eine Kurve. Wir sagen, die Kurve $\gamma_2\colon [s_0, s_1] \to \mathbb{C}$ sei eine (gleich orientierte) Umparametrisierung von γ_1, falls es eine stetig differenzierbare Funktion $\phi\colon [s_0, s_1] \to \mathbb{R}$ mit $\phi([s_0, s_1]) = [t_0, t_1]$ und $\phi'(t) > 0$ für alle $t \in [s_0, s_1]$ gibt, sodass $\gamma_2 = \gamma_1 \circ \phi$.

Die Funktion ϕ nennen wir (orientierungserhaltende) Parametertransformation.   ◀

Erläuterung

Da ϕ streng monoton steigt, gilt $\phi(s_0) = t_0$ und $\phi(s_1) = t_1$.

■ Satz

Sei $U \subseteq \mathbb{C}$, $\gamma_1\colon [t_0, t_1] \to \mathbb{C}$ eine stetig differenzierbare Kurve mit $\gamma_1([t_0, t_1]) \subseteq U$ und $\gamma_2\colon [s_0, s_1] \to \mathbb{C}$ eine Umparametrisierung von γ_1. Dann gilt für jede stetige Funktion $f\colon U \to \mathbb{C}$:

$$\int_{\gamma_2} f(z)\,dz = \int_{\gamma_1} f(z)\,dz.$$

Beweis: Sei $\phi\colon [s_0, s_1] \to \mathbb{R}$ die Parametertransformation, sodass $\gamma_2 = \gamma_1 \circ \phi$. Dann gilt vermöge der Kettenregel und der Substitutionsregel:

$$
\begin{aligned}
\int_{\gamma_2} f(z)\,dz &= \int_{s_0}^{s_1} f(\gamma_2(t))\gamma_2'(t)\,dt \\
&= \int_{s_0}^{s_1} f((\gamma_1 \circ \phi)(t))(\gamma_1 \circ \phi)'(t)\,dt \\
&= \int_{s_0}^{s_1} f(\gamma_1(\phi(t)))\gamma_1'(\phi(t))\phi'(t)\,dt \\
&= \int_{t_0}^{t_1} f(\gamma_1(\phi))\gamma_1'(\phi)\,d\phi \\
&= \int_{\gamma_1} f(z)\,dz.
\end{aligned}
$$
∎

Erläuterung

Wir können auch orientierungsumkehrende Parametertransformationen definieren; diese erfüllen $\phi' < 0$ statt $\phi' > 0$. Für solche Umparametrisierungen kehren die entsprechenden Kurvenintegrale das Vorzeichen um:

$$
\int_{\gamma_2} f(z)\,dz = -\int_{\gamma_1} f(z)\,dz.
$$

Integralsatz von Cauchy I

Erläuterung

Der folgende Integralsatz schließt direkt an das zuvor Behandelte an und ist besonders bedeutungsvoll für die Funktionentheorie. Um eine (verhältnismäßig) leicht greifbare Version zu haben, beschränken wir uns hier auf die Betrachtung des Satzes für Rechtecke.

■ **Satz**

Sei $f\colon \mathbb{C} \overset{\circ}{\supseteq} U \to \mathbb{C}$ eine holomorphe Funktion, und sei $Q \subset U$ ein abgeschlossenes Rechteck mit orientiertem Rand $\gamma\colon [0, L] \to \mathbb{C}$. Dann gilt

$$
\int_{\gamma} f(z)\,dz = 0.
$$

Beweis: Zunächst betrachten wir den Fall, dass g eine Stammfunktion hat, d. h. es gibt eine holomorphe Funktion $G\colon U \to \mathbb{C}$ mit $G' = g$. Dann gilt nach der Kettenregel:

$$\int_\gamma g(z)\,dz = \int_0^L g(\gamma(t))\gamma'(t)\,dt$$

$$= \int_0^L G'(\gamma(t))\gamma'(t)\,dt$$

$$= \int_0^L \frac{d}{dt}G(\gamma(t))\,dt$$

$$= G(\gamma(L)) - G(\gamma(0)) = 0.$$

Nun betrachten wir den allgemeinen Fall. Hierzu unterteilen wir Q durch Halbieren der Kanten in vier Teilrechtecke gleicher Größe:

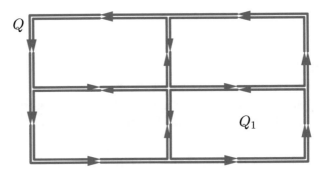

Die Summe der Kurvenintegrale über f entlang der orientierten Ränder der Teilrechtecke ist gleich dem Integral über f entlang des orientierten Randes von Q, denn die Anteile der Integrale entlang der Randkurven im Innern von Q heben sich gegenseitig auf.

Wir wählen nun jenes Teilrechteck Q_1 mit Randkurve γ_1 aus, für welches das Integral über f entlang γ_1 betragsmäßig den größten Wert hat. Dann gilt die Abschätzung:

$$\left| \int_\gamma f(z)\,dz \right| \leq 4 \left| \int_{\gamma_1} f(z)\,dz \right|.$$

Setzen wir die Konstruktion induktiv fort, erhalten wir eine absteigende Folge von Rechtecken $Q =: Q_0 \supset Q_1 \supset Q_2 \supset \ldots$ mit zugehörigen Randkurven $\gamma =: \gamma_0, \gamma_1, \gamma_2, \ldots$, sodass für alle $n \in \mathbb{N}$:

$$\left| \int_\gamma f(z)\,dz \right| \leq 4^n \left| \int_{\gamma_n} f(z)\,dz \right|.$$

Sei nun w_n der Mittelpunkt des n-ten Teilrechtecks Q_n. Dann ist (w_n) eine Cauchy-Folge, denn für alle $m, n \in \mathbb{N}$ mit $m, n \geq N$ haben wir

$$|w_m - w_n| \leq \frac{d_Q}{2^N},$$

wobei d_Q die Länge der Diagonalen von Q ist. Folglich ist (w_n) konvergent, und da Q kompakt ist, liegt der Grenzwert z_0 in Q.

Aufgrund der Holomorphie von f gilt für alle z in einer hinreichend kleinen Umgebung U_0 von z_0:

$$f(z) = f(z_0) + f'(z_0)(z - z_0) + R(z)$$

mit

$$\lim_{z \to z_0} \frac{R(z)}{|z - z_0|} = 0.$$

Da $g(z) := f(z_0) + f'(z_0)(z - z_0)$ eine Stammfunktion hat (nämlich $G(z) = f(z_0)z + \frac{1}{2}f'(z_0)(z - z_0)^2$), gilt für alle $n \in \mathbb{N}$:

$$\int_{\gamma_n} f(z)\, dz = \int_{\gamma_n} g(z) + R(z)\, dz = \int_{\gamma_n} R(z)\, dz.$$

Sei nun $\varepsilon > 0$. Nahe bei z_0 gilt $|R(z)| < \varepsilon|z - z_0|$. Der Umfang jedes Teilrechtecks Q_n ist durch $\frac{L_Q}{2^n}$ gegeben, wobei L_Q der Umfang von Q ist. Die Länge der Diagonalen bzw. der Durchmesser ist gegeben durch $\frac{d_Q}{2^n}$. Für hinreichend großes $n \in \mathbb{N}$ gilt dann entlang γ_n: $|R(z)| < \varepsilon \frac{d_Q}{2^n}$, und es ergibt sich:

$$\left| \int_\gamma f(z)\, dz \right| \leq 4^n \left| \int_{\gamma_n} f(z)\, dz \right|$$

$$= 4^n \left| \int_{\gamma_n} R(z)\, dz \right|$$

$$\leq 4^n \int_{a_n}^{b_n} |R(\gamma_n(t))||\gamma_n'(t)|\, dt$$

$$< 4^n \varepsilon \frac{d_Q}{2^n} \int_{a_n}^{b_n} |\gamma_n'(t)|\, dt$$

$$= 4^n \varepsilon \frac{d_Q}{2^n} \frac{L_Q}{2^n} = d_Q L_Q \varepsilon.$$

Folglich gilt für alle $\varepsilon > 0$

$$0 \leq \left| \int_\gamma f(z)\, dz \right| < d_Q L_Q \varepsilon,$$

und damit $\int_\gamma f(z)\, dz = 0$. ∎

Integralsatz von Cauchy II

Erläuterung

Unser Interesse sollte sich nicht nur auf die zuvor betrachteten Rechtecke beschränken. Daher bringen wir in der folgenden Überlegung noch eine Abbildung ϕ ins Spiel, die unser Rechteck (gutartig) deformieren kann.

■ **Satz**

Sei $Q \subset \mathbb{C}$ ein abgeschlossenes Rechteck mit orientiertem Rand $\gamma \colon [0, L] \to \mathbb{C}$, $\phi \colon Q \to \mathbb{C}$ eine (im reellen Sinne) stetig partiell differenzierbare Funktion und $f \colon \mathbb{C} \supseteq U \to \mathbb{C}$ eine holomorphe Funktion mit $\phi(Q) \subset U$. Dann gilt:

$$\int_{\phi \circ \gamma} f(z) \, dz = 0.$$

Beweis: Wir benötigen für das Folgende zunächst ein paar Begriffe:

1. Der Durchmesser einer Teilmenge Y eines metrischen Raums (X, d) ist gegeben durch $\sup_{(x,y) \in Y \times Y} d(x, y)$. Speziell für eine Teilmenge Y von $\mathbb{C}$ bzw. $\mathbb{R}^2$ ist der Durchmesser gegeben durch $\sup_{(x,y) \in Y \times Y} |x - y|$.

2. Der Umfang eines Bereichs in $\mathbb{R}^2$ oder $\mathbb{C}$ ist die Bogenlänge seines Randes.

3. Die Norm einer $m \times n$-Matrix $A = (a_{ij})$ ist gegeben durch

$$\|A\| := \sqrt{\sum_{i=1}^{m} \sum_{j=1}^{n} |a_{ij}|^2}.$$

Haben wir außerdem eine $n \times p$-Matrix B gegeben, so kann gezeigt werden, dass stets

$$\|AB\| \leq \|A\| \|B\|$$

gilt.

Sei nun wie beim Beweis des Cauchy'schen Integralsatzes für Rechtecke d_Q bzw. L_Q der Durchmesser bzw. Umfang von Q. Wie schon dort konstruieren wir wieder eine absteigende Folge von Rechtecken $Q = Q_0 \supset Q_1 \supset Q_2 \supset \ldots$ mit zugehörigen Randkurven $\gamma = \gamma_0, \gamma_1, \gamma_2, \ldots$, sodass

$$\left| \int_{\phi \circ \gamma} f(z) \, dz \right| \leq 4^n \left| \int_{\phi \circ \gamma_n} f(z) \, dz \right|$$

Für Durchmesser bzw. Umfang der Rechtecke Q_n gilt $\frac{d_Q}{2^n}$ bzw. $\frac{L_Q}{2^n}$. Wir müssen Durchmesser und Umfang der Flächenstücke $\phi(Q_n)$ abschätzen. Da ϕ stetig differenzierbar und Q kompakt ist, nimmt die Norm der Ableitung von ϕ auf Q ein Maximum an, sodass $\|D\phi\| \leq C$ für ein geeignetes $C > 0$, wobei $D\phi$ das totale Differenzial von ϕ bedeutet. Die Veränderung der Länge eines stetig differenzierbaren Kurvenstücks $\alpha \colon [a, b] \to \mathbb{R}^2 \cong \mathbb{C}$ durch die Transformation ϕ

kann damit nach oben abgeschätzt werden:

$$\int_{\phi \circ \alpha} ds = \int_a^b \|(\phi \circ \alpha)'(t)\| \, dt$$

$$= \int_a^b \|D\phi(\alpha(t))\alpha'(t)\| \, dt$$

$$\leq \int_a^b \|D\phi(\alpha(t))\| \, \|\alpha'(t)\| \, dt$$

$$\leq \int_a^b C \, \|\alpha'(t)\| \, dt \leq C \int_\alpha ds.$$

Somit ergibt sich, dass der Umfang von $\phi(Q_n)$ höchstens $C\frac{L_Q}{2^n}$ beträgt. Ebenso kann gezeigt werden, dass der Durchmesser die obere Schranke $C\frac{d_Q}{2^n}$ hat. Für ein vorgegebenes $\varepsilon > 0$ wählen wir $\delta > 0$ und n wenigstens so groß, dass $C\frac{d_Q}{2^n} < \delta$. Damit ergibt sich

$$\left| \int_{\phi \circ \gamma} f(z) \, dz \right| \leq 4^n \left| \int_{\phi \circ \gamma_n} f(z) \, dz \right| \leq 4^n C \frac{d_Q}{2^n} C \frac{L_Q}{2^n} \varepsilon = C^2 L_Q d_Q \varepsilon$$

für jedes $\varepsilon > 0$.   ∎

Beispiel

Sei $f \colon \mathbb{C} \overset{\circ}{\supseteq} U \to \mathbb{C}$ holomorph. Seien $\alpha, \beta \colon [a, b] \to \mathbb{C}$ stetig differenzierbare Kurven, wobei für alle $\tau \in [a, b]$ die Verbindungsstrecke zwischen $\alpha(\tau)$ und $\beta(\tau)$ ganz in U liegt; diese Verbindungsstrecke kann parametrisiert werden durch $t \mapsto \alpha(\tau) + t(\beta(\tau) - \alpha(\tau))$ mit $t \in [0, 1]$. Insgesamt wird durch die Abbildung $\phi \colon [a, b] \times [0, 1] \to \mathbb{C}$, $\phi(\tau, t) = \alpha(\tau) + t(\beta(\tau) - \alpha(\tau))$ der Bereich parametrisiert, der von all diesen Verbindungsstrecken überstrichen wird; siehe Abbildung 2.1. Zusammen mit den Strecken $\gamma(t) = \phi(a, t)$ und $\delta(t) = \phi(b, t)$ ist das Integral über f entlang des orientierten Rands des Bereichs gegeben durch:

$$\int_{\phi \circ \xi} f(z) \, dz = \int_\gamma f(z) \, dz + \int_\beta f(z) \, dz - \int_\delta f(z) \, dz - \int_\alpha f(z) \, dz = 0,$$

wobei ξ der orientierte Rand des Rechtecks $[a, b] \times [0, 1]$ ist. Daraus können wir z. B. folgern, dass das Integral von f entlang des Randes einer Dreiecksfläche, die ganz in U enthalten ist, verschwinden muss. Dies ist der Spezialfall, bei dem α und β orientierte Strecken mit identischem Anfangspunkt sind.

Darüber hinaus ist der Fall $\int_\gamma f(z) \, dz = \int_\delta f(z) \, dz$ interessant, denn dann ist $\int_\alpha f(z) \, dz = \int_\beta f(z) \, dz$. Diese Situation haben wir z. B., wenn Folgendes gilt:

1. α und β haben gemeinsame Endpunkte, denn dann sind γ und δ konstant:

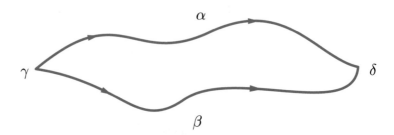

2. α und β sind geschlossene Kurven, denn dann ist $\gamma = \delta$:

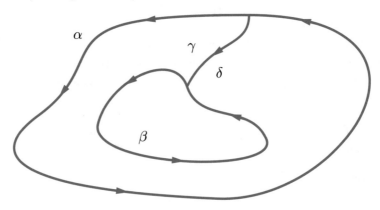

Dies gilt beispielsweise, wenn α und β konzentrische Kreislinien sind; ϕ parametrisiert dann den Kreisring mit den Randkurven α und β.

Erläuterung

Für das Integral einer Funktion f entlang der (unter Umständen zum Punkt entarteten) positiv orientierten Kreislinie mit Radius $r \geq 0$ und Mittelpunkt $z_0 \in \mathbb{C}$ schreiben wir

$$\int_{|z-z_0|=r} f(z)\, dz.$$

Für die zum Punkt entartete Kreislinie ($r = 0$) verschwindet das obige Integral.

■ **Satz**

Sei $f \colon \mathbb{C} \overset{\circ}{\supseteq} U \to \mathbb{C}$ eine holomorphe Funktion, und sei der (unter Umständen zur Kreisscheibe entartete) abgeschlossene Kreisring $\{z \in \mathbb{C} \,|\, r_1 \leq |z - z_0| \leq r_2\}$ mit $r_2 > r_1 \geq 0$ in U enthalten. Dann gilt:

$$\int_{|z-z_0|=r_2} f(z)\, dz = \int_{|z-z_0|=r_1} f(z)\, dz$$

Beweis: Der Satz ergibt sich aus den Überlegungen im letzten Beispiel mit $\alpha(t) = z_0 + r_1 e^{it}$ und $\beta(t) = z_0 + r_2 e^{it}$, $t \in [0, 2\pi]$. ∎

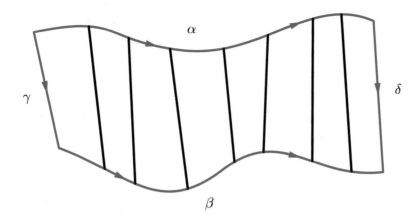

Abbildung 2.1: Ein Beispiel für ein „verzerrtes Rechteck" $\phi(Q)$

Erläuterung

Aus dem Spezialfall $r_1 = 0$ folgt

$$\int_{|z-z_0|=r_2} f(z)\,dz = 0,$$

falls die gesamte Kreisscheibe $\{z \in \mathbb{C} \mid |z - z_0| \leq r_2\}$ im Definitionsbereich von f enthalten ist.

Cauchy'sche Integralformel

■ Satz

Sei $f\colon \mathbb{C} \overset{\circ}{\supseteq} U \to \mathbb{C}$ eine holomorphe Funktion, und sei die abgeschlossene Kreisscheibe $B_r(z_0) = \{z \in \mathbb{C} \mid |z - z_0| \leq r\}$ mit Radius $r > 0$ und Mittelpunkt $z_0 \in U$ in U enthalten. Dann gilt für jeden Punkt a im Inneren von $B_r(z_0)$ die Integralformel von Cauchy:

$$f(a) = \frac{1}{2\pi i} \int_{|z-z_0|=r} \frac{f(z)}{z - a}\,dz.$$

Beweis: Sei $a \in U_r(z_0) = \{z \in \mathbb{C} \mid |z - z_0| < r\}$. Zunächst halten wir fest, dass aufgrund der Holomorphie von f der Ausdruck

$$\left| \frac{f(z) - f(a)}{z - a} \right|$$

für alle $z \in U_r(z_0)$ in einer Umgebung von a beschränkt bleibt. Darüber hinaus ergibt sich, da $\frac{f(z)}{z-a}$ auf $U_r(z_0) \setminus \{a\}$ holomorph ist, mit dem Cauchy'schen Integralsatz für Rechteckbilder für alle $\varepsilon > 0$ mit $U_\varepsilon(a) \subseteq U_r(z_0)$:

$$\int_{|z-z_0|=r} \frac{f(z)}{z-a}\, dz = \int_{|z-a|=\varepsilon} \frac{f(z)}{z-a}\, dz.$$

Insbesondere hängt das Integral nicht von ε ab, und wir können einfach den Grenzwert $\varepsilon \to 0$ nehmen:

$$
\begin{aligned}
\int_{|z-z_0|=r} \frac{f(z)}{z-a}\, dz &= \lim_{\varepsilon \to 0} \int_{|z-a|=\varepsilon} \frac{f(z)}{z-a}\, dz \\
&= \lim_{\varepsilon \to 0} \int_{|z-a|=\varepsilon} \frac{f(z)-f(a)}{z-a}\, dz + \lim_{\varepsilon \to 0} \int_{|z-a|=\varepsilon} \frac{f(a)}{z-a}\, dz \\
&= \lim_{\varepsilon \to 0} \int_{|z-a|=\varepsilon} \frac{f(a)}{z-a}\, dz \\
&= \lim_{\varepsilon \to 0} \int_0^{2\pi} \frac{f(a)}{a+\varepsilon e^{it}-a} \frac{d}{dt}\left(a+\varepsilon e^{it}\right) dt \\
&= \lim_{\varepsilon \to 0} \int_0^{2\pi} \frac{f(a)}{\varepsilon e^{it}} i\varepsilon e^{it}\, dt = 2\pi i f(a). \qquad \blacksquare
\end{aligned}
$$

Beispiel

Insbesondere haben wir für den Fall $a = z_0$:

$$
\begin{aligned}
f(z_0) &= \frac{1}{2\pi i} \int_{|z-z_0|=r} \frac{f(z)}{z-z_0}\, dz \\
&= \frac{1}{2\pi i} \int_0^{2\pi} \frac{f\left(z_0+re^{it}\right)}{z_0+re^{it}-z_0} i r e^{it}\, dt \\
&= \frac{1}{2\pi} \int_0^{2\pi} f(z_0+re^{it})\, dt.
\end{aligned}
$$

Das Integral auf der rechten Seite kann interpretiert werden als der Mittelwert der Funktionswerte auf dem Kreisrand. Aus diesem Grund wird obige Formel auch Mittelwertsatz genannt.

Ausblick

Der Integralsatz von Cauchy wurde zum Beweis der Cauchy'schen Integralformel verwendet. Damit ist seine Bedeutung noch nicht hinreichend gewürdigt, denn im weiteren Verlauf werden wir uns noch mit Residuen befassen und der dann gelieferte Residuensatz basiert auch auf den in diesem Kapitel behandelten Erkenntnissen.

Bei genauerer Betrachtung zeigt sich weiterhin, dass der Integralsatz von Cauchy auch einen engen Zusammenhang zum Satz von Stokes hat.

Selbsttest

I. Sei $f\colon \mathbb{C} \overset{\circ}{\supseteq} U \to \mathbb{C}$ eine holomorphe Funktion, und sei

$$B_r(z_0) := \{z \in \mathbb{C} \mid |z - z_0| \leq r\} \subset U\,.$$

Welche der Aussagen gelten aufgrund der Integralformel von Cauchy?

(1)
$$2\pi i\, f(a) = \int_{|z-z_0|=r} \frac{f(z)}{z - a}\, dz \quad \text{für alle } a \in B_r(z_0)$$

(2)
$$2\pi i\, f(a) = \int_{|z-z_0|=r} \frac{f(z)}{z - a}\, dz \quad \text{für alle } a \in B_r(z_0) \setminus \partial B_r(z_0)$$

(3)
$$2\pi i\, f(a) = \int_{|z-z_0|=r} \frac{f(z)}{z - a}\, dz \quad \text{für alle } a \in U \setminus \partial B_r(z_0)$$

(4)
$$2\pi i\, f(z_0) = \int_{|z-z_0|=r} \frac{f(z)}{z - z_0}\, dz$$

II. Seien $a, b, c, d \in \mathbb{C}$ und $c \neq 0$. Welches ist das richtige Ergebnis des Integrals

$$\int_{|z|=r} \frac{az + b}{cz + d}\, dz$$

(1)	$2\pi i\,(bc - ad)$	(4)	$bc - ad$
(2)	$2\pi i\,\frac{bc-ad}{c}$	(5)	$\frac{bc-ad}{c}$
(3)	$2\pi i\,\frac{bc-ad}{c^2}$	(6)	$\frac{bc-ad}{c^2}$

und für welchen Radius r gilt dann dieses Ergebnis?

(1)	$r > |d|$	(3)	$r > \left|\frac{d}{c}\right|$
(2)	$r > \left|\frac{a}{c}\right|$	(4)	$r > 0$

3 Analytische Funktionen

Einblick

Wenn wir an die Entwicklung reeller Funktionen nach Taylor denken, so können wir uns auch die grundlegende Frage stellen: Unter welchen Umständen lässt sich eine gegebene komplexe Funktion (lokal) in eine Potenzreihe entwickeln?

Der letzte Gedanke stellt dann sogleich die Frage nach der Konvergenz, der wir auch nachgehen werden.

Ist dann die Darstellung einer Funktion als Potenzreihe gelungen, haben wir eine weitere Betrachtungsmöglichkeit, die wir dann wiederum für weitere Untersuchungen verwenden können.

Entwicklung komplexer Funktionen

Beispiel

Die Taylor-Reihe der reellen Funktion $f\colon \mathbb{R} \to \mathbb{R}$, $f(x) = \frac{1}{1+x^2}$ mit Entwicklungspunkt $x_0 = 0$ ist gegeben durch

$$f(x) = \sum_{k=0}^{\infty} \frac{f^{(k)}(0)}{k!} x^k = 1 - x^2 + x^4 - x^6 \pm \ldots = \sum_{k=0}^{\infty} (-1)^k x^{2k}.$$

Warum ist die Reihe für $|x| > 1$ divergent? Wegen der Pole im Komplexen bei $z = \pm i$. Kann die komplexe Funktion $f\colon \mathbb{C} \setminus \{-i, i\} \to \mathbb{C}$, $f(z) = \frac{1}{1+z^2}$ in jedem Punkt in eine Potenzreihe (mit hinreichend kleinem Konvergenzradius) entwickelt werden?

▶ Definition

Eine Funktion $f\colon \mathbb{C} \supseteq\!\!\!\!^{\circ}\, U \to \mathbb{C}$ heißt analytisch im Punkt $z_0 \in U$, wenn sie auf einer offenen Kreisscheibe um z_0 in eine Potenzreihe entwickelbar ist, d. h. es existieren ein $R > 0$ und eine Folge $(a_n)_{n \in \mathbb{N}}$ mit

$$f(z) = \sum_{n=0}^{\infty} a_n (z - z_0)^n$$

für alle $z \in U_R(z_0) \subseteq U$.
Wir nennen f analytisch, wenn f in jedem Punkt $z_0 \in U$ analytisch ist.　◀

© Springer-Verlag GmbH Deutschland, ein Teil von Springer Nature 2023
M. Scherfner und T. Volland, *Mathematik für das Bachelorstudium III*,
https://doi.org/10.1007/978-3-8274-2558-4_3

■ **Satz**

Sei $f\colon \mathbb{C} \supseteq U \to \mathbb{C}$ eine komplexe Funktion. Dann gilt:

$$f \text{ ist analytisch} \quad \Leftrightarrow \quad f \text{ ist holomorph.}$$

Erläuterung

Dieser Satz hat kein direktes Analogon für reelle Funktionen!

Es gilt sogar, dass für holomorphe Funktionen der Konvergenzradius maximal ist, d. h. auf jeder in U enthaltenen Kreisscheibe um z_0 gilt mit geeigneten a_k

$$f(z) = \sum_{k=0}^{\infty} a_k (z - z_0)^k.$$

Beispiel

Die reelle Funktion

$$f\colon \mathbb{R} \to \mathbb{R}, \ f(x) = \begin{cases} 0 & \text{für } x \leq 0 \\ \exp\left(-\frac{1}{x^2}\right) & \text{für } x > 0 \end{cases}$$

ist in $x = 0$ beliebig oft differenzierbar, aber nicht reell-analytisch, da $f^{(k)}(0) = 0$ für alle $k \in \mathbb{N}$.

■ **Satz**

Jede holomorphe Funktion ist beliebig oft differenzierbar.

Beweis: Jede Potenzreihe ist beliebig oft differenzierbar, denn die Ableitung einer Potenzreihe ist wieder eine Potenzreihe:

$$\frac{d}{dz} \sum_{k=0}^{\infty} a_k (z - z_0)^k = \sum_{k=0}^{\infty} (k + 1) a_{k+1} (z - z_0)^k \qquad \blacksquare$$

Erläuterung

Das ist ein großer Unterschied zur reellen Analysis! Wir sehen daher, dass mit f auch f' holomorph ist.

Punktweise und gleichmäßige Konvergenz

▶ **Definition**

Sei $(f_n)_{n \in \mathbb{N}} = (f_0, f_1, f_2, \ldots)$ eine Folge von Funktionen mit gemeinsamem Definitionsbereich D.

  1. Wir sagen, (f_n) konvergiert punktweise gegen die Grenzfunktion f, wenn gilt:

$$\forall \varepsilon > 0 \ \forall x \in D \ \exists N \in \mathbb{N} \ (n \geq N \Rightarrow |f(x) - f_n(x)| < \varepsilon)$$

2. Wir sagen, (f_n) konvergiert gleichmäßig gegen die Grenzfunktion f, wenn gilt:

$$\forall \varepsilon > 0 \; \exists N \in \mathbb{N} \; \forall x \in D \; (n \geq N \Rightarrow |f(x) - f_n(x)| < \varepsilon) \qquad \blacktriangleleft$$

Erläuterung

Gleichmäßige Konvergenz liegt genau dann vor, wenn

$$\sup_{x \in D} |f(x) - f_n(x)| \xrightarrow[n \to \infty]{} 0,$$

wenn also der maximale Abstand zwischen Folgengliedern und Grenzfunktion gegen Null konvergiert.

Erläuterung

Jede gleichmäßig konvergente Funktionenfolge ist auch punktweise konvergent, und zwar gegen dieselbe Grenzfunktion.

Erläuterung

Eine Funktionenreihe $\sum_{k=0}^{\infty} f_k$ konvergiert genau dann gleichmäßig, wenn die entsprechende Folge der Partialsummen gleichmäßig konvergiert.

Erläuterung

Jede auf einer kompakten Menge definierte, konvergente Potenzreihe ist gleichmäßig konvergent.

Beispiel

Die Funktionenfolge $f_n : \mathbb{R} \to \mathbb{R}$

$$f_n(x) = \begin{cases} 0 & \text{für } x \leq n \\ 1 & \text{für } x > n \end{cases}$$

konvergiert punktweise gegen die konstante Funktion $f(x) = 0$. Sie konvergiert jedoch nicht gleichmäßig, da für alle $n \in \mathbb{N}$ gilt:

$$\sup_{x \in [0,1]} |f(x) - f_n(x)| = 1.$$

Der maximale Abstand kann damit nicht gegen Null konvergieren.

Beispiel

Die Funktionenfolge $f_n : [0, 1] \to \mathbb{R}$ mit

$$f_n(x) = x^n$$

konvergiert punktweise gegen die Funktion

$$f(x) = \begin{cases} 0 & \text{für } x \in [0, 1[\\ 1 & \text{für } x = 1. \end{cases}$$

Sie konvergiert jedoch nicht gleichmäßig, da für alle $n \in \mathbb{N}$ gilt:

$$\sup_{x \in [0,1]} |f(x) - f_n(x)| = 1.$$

■ **Satz**

Sei (f_n) eine gleichmäßig konvergente Folge stetiger Funktionen $f_n \colon [a,b] \to \mathbb{C}$. Dann ist die Grenzfunktion stetig, und es gilt:

$$\int_a^b \lim_{n \to \infty} f_n(x)\, dx = \lim_{n \to \infty} \int_a^b f_n(x)\, dx.$$

Erläuterung

Insbesondere gilt für eine gleichmäßig konvergente Funktionenreihe $\sum_{k=0}^{\infty} f_k$ mit stetigen Reihengliedern f_k:

$$\sum_{k=0}^{\infty} \int_a^b f_k(x)\, dx = \int_a^b \sum_{k=0}^{\infty} f_k(x)\, dx.$$

Erläuterung

Beachten Sie, dass sich – im Gegensatz zum Integral – Ableitung und Grenzwert im Allgemeinen auch bei gleichmäßiger Konvergenz nicht vertauschen lassen. So ist z. B. die Funktionenfolge

$$f_n(x) = \frac{\sin(n^2 x)}{n}$$

gleichmäßig konvergent gegen die Nullfunktion, denn

$$\sup_{x \in \mathbb{R}} |f_n(x) - 0| = \sup_{x \in \mathbb{R}} \frac{|\sin(n^2 x)|}{n} = \frac{1}{n} \xrightarrow[n \to \infty]{} 0.$$

Die entsprechende Folge von Ableitungen

$$f_n'(x) = \frac{n^2 \cos(n^2 x)}{n} = n \cos(n^2 x)$$

konvergiert jedoch nicht.

Falls jedoch die Folge der Ableitungen (f_n') gleichmäßig konvergiert, so kann gezeigt werden, dass die Grenzfunktion der Folge der Ableitungen mit der Ableitung der Grenzfunktion von (f_n) übereinstimmt.

Potenzreihenentwicklungssatz

■ **Satz**

Sei $f\colon \mathbb{C} \overset{\circ}{\supseteq} U \to \mathbb{C}$ eine holomorphe Funktion und $B_R(z_0) = \{z \in \mathbb{C} \mid |z - z_0| \leq R\}$ eine abgeschlossene Kreisscheibe, die ganz in U enthalten ist. Dann kann f im Inneren dieser Kreisscheibe in eine Potenzreihe entwickelt werden; genauer gesagt gilt für alle $z \in U_R(z_0)$

$$f(z) = \sum_{n=0}^{\infty} a_n (z - z_0)^n,$$

wobei die Koeffizienten in eindeutiger Weise gegeben sind durch die Formel:

$$a_n = \frac{1}{2\pi i} \int_{|z - z_0| = R} \frac{f(z)}{(z - z_0)^{n+1}} \, dz.$$

Beweis: Falls eine Potenzreihe, die f auf $U_R(z_0)$ darstellt, existiert, muss $a_n = \frac{f^{(n)}(z_0)}{n!}$ gelten, sodass es höchstens eine solche Reihe geben kann. Sei der Einfachheit halber $z_0 = 0$. Dann gilt für alle $z \in U_R(0)$ nach der Cauchy'schen Integralformel:

$$f(z) = \frac{1}{2\pi i} \int_{|\xi|=R} \frac{f(\xi)}{\xi - z} \, d\xi = \frac{1}{2\pi i} \int_{|\xi|=R} \frac{f(\xi)}{\xi} \frac{1}{1 - \frac{z}{\xi}} \, d\xi$$

Da $\left| \frac{z}{\xi} \right| = \frac{|z|}{R} < 1$ gilt, können wir vermöge der geometrischen Reihe schreiben:

$$\frac{f(\xi)}{\xi} \frac{1}{1 - \frac{z}{\xi}} = \sum_{n=0}^{\infty} \frac{f(\xi)}{\xi} \left(\frac{z}{\xi} \right)^n.$$

Die Reihe auf der rechten Seite konvergiert für festes z gleichmäßig als Funktionenreihe in ξ mit Definitionsbereich $\{\xi \in \mathbb{C} \mid |\xi| = R\}$. Somit ergibt sich mit der in diesem Fall erlaubten Vertauschung von Integral und Reihe:

$$f(z) = \frac{1}{2\pi i} \int_{|\xi|=R} \sum_{n=0}^{\infty} \frac{f(\xi)}{\xi^{n+1}} z^n \, d\xi = \sum_{n=0}^{\infty} \left(\frac{1}{2\pi i} \int_{|\xi|=R} \frac{f(\xi)}{\xi^{n+1}} \, d\xi \right) z^n \qquad ■$$

Ausblick

Wir haben gesehen, dass sich analytische Funktionen lokal wie die Grenzfunktionen konvergenter Potenzreihen verhalten und die Funktionswerte der Grenzfunktionen konvergenter Potenzreihen sind leicht zu approximieren, was natürlich nützlich ist. Schon daher ist es gut, möglichst viele Funktionen als Grenzfunktionen angeben zu können.

Die grundlegenden Ideen dieses kurzen Kapitels werden wir auch in der Folge gewinnbringend verwenden.

Selbsttest

I. Sei (f_n) eine gleichmäßig konvergente Folge differenzierbarer Funktionen $f_n\colon B_r(z_0) \to \mathbb{C}$. Welche der Aussagen gilt dann im Allgemeinen?

(1)
$$\lim_{n\to\infty} \frac{\partial f_n}{\partial z}(z) = \frac{\partial \lim_{n\to\infty} f_n}{\partial z}(z)$$

(2)
$$\int_a^b \lim_{n\to\infty} f_n(z)\,dz = \lim_{n\to\infty} \int_a^b f_n(z)\,dz$$

II. Welche der folgenden Aussagen gilt für die Funktionenfolge (f_n) mit

$$f_n\colon [-1,1] \to [-1,1] \quad f_n(x) := \begin{cases} -1 & \text{für } -1 \le x \le -\frac{1}{n} \\ nx & \text{für } -\frac{1}{n} < x < \frac{1}{n} \\ +1 & \text{für } \frac{1}{n} \le x \le 1 \end{cases}$$

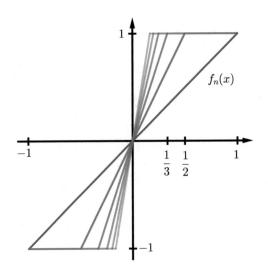

(1) (f_n) ist punktweise konvergent gegen

$$f\colon [-1,1] \to [-1,1] \quad f(x) := \begin{cases} -1 & \text{für } x \in [-1,0[\\ 0 & \text{für } x = 0 \\ +1 & \text{für } x \in {]0,1]} \end{cases}$$

(2) (f_n) ist gleichmäßig konvergent gegen f

4 Mehr über komplexwertige Funktionen

Einblick

Es ist noch lange nicht alles über komplexwertige Funktionen gesagt worden, was gesagt werden kann. Auch wenn die Gesamtheit der interessanten Dinge den Rahmen dieses Werkes sprengen würde, so wollen wir dieses Kapitel dennoch dafür verwenden, um eine Art Sammelsurium dessen zu liefern, was unbedingt noch gesagt werden sollte – auch fließt vieles, was zuvor behandelt wurde, hier zusammen.

Wir begegnen sog. Singularitäten, Laurent-Reihen und den mit ihnen assoziierten Residuen. Diese Begriffe leben im Bereich des Komplexen. Dennoch haben die Resultate beispielsweise auch eine Bedeutung bei der Berechnung reeller Integrale.

Wegunabhängigkeit komplexer Kurvenintegrale

■ Satz

Sei $f\colon \mathbb{C} \overset{\circ}{\supseteq} U \to \mathbb{C}$ holomorph und seien γ_1 und γ_2 zwei Kurven in U. Dann gilt

$$\int_{\gamma_1} f(z)\,dz = \int_{\gamma_2} f(z)\,dz.$$

Beweis: Sei $\widetilde{\gamma}_2$ eine Kurve, die durch Umkehrung der Orientierung von γ_2 entsteht. Sei γ die Kurve, die zuerst γ_1 und dann $\widetilde{\gamma}_2$ durchläuft. Es ist dann γ die Randkurve, welche ganz in U liegt. Somit gilt nach dem Cauchy'schen Integralsatz:

$$0 = \int_{\gamma} f(z)\,dz = \int_{\gamma_1} f(z)\,dz + \int_{\widetilde{\gamma}_2} f(z)\,dz = \int_{\gamma_1} f(z)\,dz - \int_{\gamma_2} f(z)\,dz \qquad ■$$

Erläuterung

Eine ähnliche Situation hatten wir schon bei (reellen) Kurvenintegralen über Potenzialfelder: Auch hier hängt der Wert des Integrals nicht vom Weg ab.

© Springer-Verlag GmbH Deutschland, ein Teil von Springer Nature 2023
M. Scherfner und T. Volland, *Mathematik für das Bachelorstudium III*,
https://doi.org/10.1007/978-3-8274-2558-4_4

Isolierte Singularitäten

▶ **Definition**

Sei $f\colon \mathbb{C} \supseteq U \to \mathbb{C}$ eine Funktion und $z_0 \in \mathbb{C} \setminus U$ so, dass $U \cup \{z_0\}$ eine Umgebung von z_0 ist. Dann nennen wir z_0 eine isolierte Singularität von f. ◀

▶ **Definition**

Wir nennen $A \subset \mathbb{C}$ eine diskrete Menge, wenn für alle $z \in A$ eine Umgebung U von z existiert, sodass $U \setminus \{z\}$ leeren Schnitt mit A hat. ◀

Beispiel

Jede endliche Menge $\{z_1, \dots, z_k\} \subset \mathbb{C}$ ist diskret.

Erläuterung

Ist U eine offene Teilmenge von $\mathbb{C}$, $A \subset U$ eine diskrete Menge und $f\colon U \setminus A \to \mathbb{C}$ eine Funktion, so ist jeder Punkt von A eine isolierte Singularität von f.

Erläuterung

Wir werden uns für das Verhalten holomorpher Funktionen in der Nähe ihrer isolierten Singularitäten interessieren. Ein wichtiges Hilfsmittel hierfür sind die sog. Laurent-Reihen, die an die Stelle von Potenzreihen treten.

Beispiel

Die Funktion $f(z) = \frac{\sin z}{z}$ ist auf $\mathbb{C} \setminus \{0\}$ holomorph; 0 ist isolierte Singularität.

Beispiel

Die Funktion $f(z) = \frac{1}{z(z-i)}$ ist auf $\mathbb{C} \setminus \{0, i\}$ holomorph; 0 und i sind isolierte Singularitäten.

Beispiel

Die Funktion $f(z) = \frac{\cos(\pi z)}{\sin(\pi z)}$ hat den maximalen Definitionsbereich $\mathbb{C} \setminus \mathbb{Z}$ und ist holomorph; die Sinusfunktion hat nämlich tatsächlich nur die bereits bekannten reellen Nullstellen:

$$
\begin{aligned}
\sin(x + iy) = 0 \quad &\Leftrightarrow \quad \frac{1}{2i}\left(e^{i(x+iy)} - e^{-i(x+iy)}\right) = 0 \\
&\Leftrightarrow \quad e^{ix}e^{-y} = e^{-ix}e^{y} \\
&\Rightarrow \quad |e^{ix}e^{-y}| = |e^{-ix}e^{y}| \\
&\Leftrightarrow \quad e^{-y} = e^{y} \\
&\Leftrightarrow \quad y = 0.
\end{aligned}
$$

Jede ganze Zahl ist demnach eine isolierte Singularität von f, denn $\mathbb{Z}$ ist offensichtlich diskret.

Klassifikation isolierter Singularitäten

▶ **Definition**

Seien $f \colon \mathbb{C} \overset{\circ}{\supseteq} U \to \mathbb{C}$ eine holomorphe Funktion und $z_0 \in \mathbb{C} \setminus U$ eine isolierte Singulariät von f. Wir nennen z_0

1. eine hebbare Singularität (von f), falls f durch geeignete Wahl von $f(z_0)$ holomorph auf $U \cup \{z_0\}$ fortgesetzt werden kann.

2. einen Pol, falls $n \in \mathbb{N}$, $n \geq 1$ existiert, sodass z_0 eine hebbare Singulariät der Funktion $\xi(z) := (z - z_0)^n f(z)$ ist. Die kleinste Zahl n, für die dies der Fall ist, heißt Ordnung des Pols.

3. eine wesentliche Singularität, falls z_0 weder hebbar noch ein Pol ist.   ◀

Beispiel

Die holomorphe Funktion $f(z) = \frac{1}{z}$ hat einen Pol der Ordnung 1 an der Stelle $z = 0$.

Beispiel

Die holomorphe Funktion $g(z) = \frac{\sin z}{z}$ hat eine hebbare Singularität an der Stelle $z = 0$.

Beispiel

Die holomorphe Funktion $h(z) = e^{\frac{1}{z}}$ hat eine wesentliche Singularität an der Stelle $z = 0$.

Erläuterung

Seien $f \colon \mathbb{C} \overset{\circ}{\supseteq} U \to \mathbb{C}$ eine holomorphe Funktion, $z_0 \in U$ und $n \in \mathbb{N}$ mit $n \geq 1$.

• Die Einschränkung von f auf $U \setminus \{z_0\}$ besitzt eine hebbare Singularität bei z_0.

• Die Funktion $g(z) := \frac{f(z)}{(z-z_0)^n}$ besitzt einen Pol der Ordnung n bei z_0.

In gewissem Sinne sind hebbare Singularitäten „Pole der Ordnung 0" und wesentliche Singularitäten „Pole der Ordnung ∞".

Laurent-Reihen

▶ **Definition**

Eine Reihe der Form

$$\sum_{k=-\infty}^{\infty} c_k (z - z_0)^k := \sum_{k=1}^{\infty} c_{-k} (z - z_0)^{-k} + \sum_{k=0}^{\infty} c_k (z - z_0)^k$$

heißt Laurent-Reihe mit Koeffizienten $c_k \in \mathbb{C}$ ($k \in \mathbb{Z}$) und Entwicklungspunkt $z_0 \in \mathbb{C}$ in der Variablen $z \in \mathbb{C}$. Wir nennen $\sum_{k=1}^{\infty} c_{-k}(z - z_0)^{-k}$ den Hauptteil und $\sum_{k=0}^{\infty} c_k(z - z_0)^k$ den Nebenteil der Laurent-Reihe.

Eine Laurent-Reihe heißt konvergent (absolut konvergent, gleichmäßig konvergent (in z)), falls sowohl ihr Hauptteil als auch ihr Nebenteil konvergent (absolut konvergent, gleichmäßig konvergent) sind.   ◄

Erläuterung

Der Nebenteil einer Laurent-Reihe ist eine Potenzreihe in $z - z_0$, der Hauptteil ist eine Potenzreihe in $\frac{1}{z-z_0}$.

■ Satz

Sei f eine auf dem Kreisring $K := \{z \in \mathbb{C} \mid r < |z - z_0| < R\}$ holomorphe Funktion. Dann ist f auf K durch eine Laurent-Reihe darstellbar:

$$f(z) = \sum_{k=-\infty}^{\infty} c_k(z - z_0)^k,$$

und es gilt für jedes $\rho \in \,]r, R[$

$$c_k = \frac{1}{2\pi i} \int_{|z-z_0|=\rho} \frac{f(z)}{(z - z_0)^{k+1}} \, dz.$$

Beweis: Wir beweisen den Satz nicht. Dass die Konvergenzbereiche von Laurent-Reihen Kreisringe sind, ist jedoch klar, denn der Hauptteil konvergiert auf dem Komplement einer Kreisscheibe

$$U_1 = \{z \in \mathbb{C} \mid \frac{1}{|z - z_0|} < \frac{1}{r}\} = \{z \in \mathbb{C} \mid |z - z_0| > r\}$$

und der Nebenteil auf einer Kreisscheibe

$$U_2 = \{z \in \mathbb{C} \mid |z - z_0| < R\}.$$

Die Laurent-Reihe konvergiert dann auf

$$K = U_1 \cap U_2 = \{z \in \mathbb{C} \mid r < |z - z_0| < R\}.$$ ■

Erläuterung

Insbesondere gilt unter obigen Voraussetzungen

$$c_{-1} = \frac{1}{2\pi i} \int_{|z-z_0|=\rho} f(z) \, dz.$$

Beispiel

Sei $f(z) = \frac{1}{z}$. Wir berechnen die Koeffizienten der Laurent-Reihenentwicklung von f um $z_0 = 0$ mithilfe obiger Formel und lassen aus pädagogischen Gründen $\rho > 0$ beliebig (wir könnten auch z. B. $\rho = 1$ wählen):

$$
\begin{aligned}
c_k &= \frac{1}{2\pi i} \int_{|z|=\rho} \frac{f(z)}{z^{k+1}} \, dz \\
&= \frac{1}{2\pi i} \int_{|z|=\rho} \frac{1}{z^{k+2}} \, dz \\
&= \frac{1}{2\pi i} \int_0^{2\pi} \frac{1}{(\rho e^{it})^{k+2}} i\rho e^{it} \, dt \\
&= \frac{1}{2\pi \rho^{k+1}} \int_0^{2\pi} e^{-it(k+1)} \, dt \\
&= \frac{1}{2\pi \rho^{k+1}} \int_0^{2\pi} \left(\cos((k+1)t) - i\sin((k+1)t) \right) \, dt \\
&= \begin{cases} 1 & \text{für } k = -1, \\ 0 & \text{für } k \neq -1. \end{cases}
\end{aligned}
$$

Dies war zu erwarten:

$$
f(z) = \sum_{k=-\infty}^{\infty} c_k z^k = \ldots + \frac{c_{-2}}{z^2} + \frac{c_{-1}}{z} + c_0 + c_1 z + c_2 z^2 + \ldots = \frac{1}{z}
$$

Berechnung von Laurent-Reihen

Beispiel

Wir wollen die Laurent-Reihen von $f(z) = \frac{1}{z} + \frac{1}{z-1} + \frac{1}{z-2i}$ mit Entwicklungspunkt $z_0 = 0$ berechnen. Wir brauchen in diesem Fall keine Integralformel, sondern können auf bekannte Reihendarstellungen, genauer die geometrische Reihe, zurückgreifen:

$$
\begin{aligned}
\frac{1}{z-1} &= -\frac{1}{1-z} \\
&= -\sum_{k=0}^{\infty} z^k \text{ für } |z| < 1, \\
\frac{1}{z-1} &= \frac{1}{z} \cdot \frac{1}{1-\frac{1}{z}} \\
&= \frac{1}{z} \sum_{k=0}^{\infty} \left(\frac{1}{z} \right)^k \\
&= \sum_{k=1}^{\infty} z^{-k} \text{ für } |z| > 1,
\end{aligned}
$$

$$\frac{1}{z-2i} = \frac{i}{iz+2}$$

$$= \frac{i}{2} \cdot \frac{1}{1+\frac{i}{2}z}$$

$$= \frac{i}{2} \sum_{k=0}^{\infty} \left(-\frac{i}{2}z\right)^k$$

$$= -\sum_{k=0}^{\infty} \left(-\frac{i}{2}\right)^{k+1} z^k \text{ für } |z| < 2,$$

$$\frac{1}{z-2i} = \frac{1}{z} \cdot \frac{1}{1+\frac{2}{iz}}$$

$$= \frac{1}{z} \sum_{k=0}^{\infty} \left(-\frac{2}{i}\right)^k \left(\frac{1}{z}\right)^k$$

$$= \sum_{k=1}^{\infty} \left(-\frac{i}{2}\right)^{-k+1} z^{-k} \text{ für } |z| > 2.$$

Insgesamt ergeben sich so die Laurent-Reihendarstellungen von f auf drei disjunkten (teils entarteten) Kreisringen um den Ursprung:

$$f(z) = \frac{1}{z} - \sum_{k=0}^{\infty} z^k - \sum_{k=0}^{\infty} \left(-\frac{i}{2}\right)^{k+1} z^k$$

$$= \frac{1}{z} - \sum_{k=0}^{\infty} \left(\left(-\frac{i}{2}\right)^{k+1} + 1\right) z^k \text{ für } 0 < |z| < 1,$$

$$f(z) = \frac{1}{z} + \sum_{k=1}^{\infty} z^{-k} - \sum_{k=0}^{\infty} \left(-\frac{i}{2}\right)^{k+1} z^k$$

$$= \sum_{k=-\infty}^{-2} z^k + \frac{2}{z} - \sum_{k=0}^{\infty} \left(-\frac{i}{2}\right)^{k+1} z^k \text{ für } 1 < |z| < 2,$$

$$f(z) = \frac{1}{z} + \sum_{k=1}^{\infty} z^{-k} + \sum_{k=1}^{\infty} \left(-\frac{i}{2}\right)^{-k+1} z^{-k}$$

$$= \sum_{k=-\infty}^{-2} \left(\left(-\frac{i}{2}\right)^{k+1} + 1\right) z^k + \frac{3}{z} \text{ für } 2 < |z| < \infty.$$

Residuen

▶ **Definition**

Sei $f\colon \mathbb{C} \overset{\circ}{\supseteq} U \to \mathbb{C}$ holomorph und $z_0 \in \mathbb{C} \setminus U$ eine isolierte Singularität von f. Dann heißt

$$\operatorname{Res}_{z_0}(f) = \frac{1}{2\pi i} \int_{|z-z_0|=\rho} f(z)\,dz$$

das Residuum von f in z_0, wobei $\rho > 0$ so zu wählen ist, dass die punktierte Kreisscheibe $\{z \in \mathbb{C} \mid 0 < |z - z_0| \leq \rho\}$ ganz in U liegt (und insbesondere keine weiteren Singularitäten von f enthält). ◄

Erläuterung

Die Laurent-Reihenentwicklung liefert das Residuum:

$$f(z) = \sum_{k=-\infty}^{\infty} c_k (z - z_0)^k,$$

$$c_{-1} = \frac{1}{2\pi i} \int_{|z-z_0|=\rho} f(z)\, dz = \operatorname{Res}_{z_0}(f).$$

Beispielsweise ist das Residuum von $f(z) = \frac{1}{z} + \frac{1}{z-1} + \frac{1}{z-2i}$ in $z_0 = 0$ gegeben durch $\operatorname{Res}_{z_0}(f) = 1$. Hierbei ist die erste der Reihenentwicklungen für $0 < |z| < 1$ zu betrachten, da andernfalls weitere Singularitäten vom Integrationsweg umschlossen würden.

Einfach-zusammenhängende Mengen

▶ **Definition**

Eine Teilmenge $M \subseteq \mathbb{C}$ heißt einfach-zusammenhängend, wenn die folgenden beiden Bedingungen erfüllt sind:

1. Je zwei Punkte in M lassen sich stets durch eine stetige Kurve verbinden, die ganz in M liegt.

2. Jede geschlossene stetige Kurve in M kann stetig in M auf einen Punkt zusammengezogen werden. ◄

Erläuterung

Eine Menge, die die erste Eigenschaft erfüllt, wird auch wegzusammenhängend genannt. Mit der zweiten Eigenschaft ist genauer Folgendes gemeint: Zu jeder stetigen, geschlossenen Kurve $\gamma : [0,1] \to M$ gibt es einen Punkt $z_0 \in M$ und eine stetige Abbildung $H : [0,1] \times [0,1] \to M$, sodass für alle $t \in [0,1]$ gilt:

1. $H(0,t) = \gamma(t)$,

2. $H(1,t) = z_0$.

Wir können uns $H(s, \cdot)$ vorstellen als eine stetig durch s parametrisierte Abfolge („Videofilm") von Kurven in der Ebene, an deren Anfang die Kurve γ und deren Ende der Punkt z_0 steht. Die Situation ist in Abbildung 4.1 dargestellt.

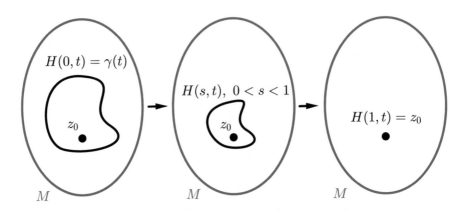

Abbildung 4.1: Eine Kurve γ wird stetig in M zu einem Punkt z_0 zusammengezogen

Beispiel

Jede konvexe Teilmenge M von $\mathbb{C}$ ist einfach-zusammenhängend. Zum einen
ist sie sicher wegzusammenhängend (für je zwei Punkte liegt ja die Verbindungsstrecke in M). Zum anderen können wir für eine beliebige stetige Kurve
$\gamma\colon [0,1] \to M$ mit $\gamma(0) = \gamma(1) =: z_0$ die Abbildung

$$H\colon [0,1] \times [0,1] \to M, \; H(s,t) = sz_0 + (1-s)\gamma(t)$$

definieren. Jeder Bildpunkt von H liegt auch wirklich in M, denn für festes $\tau \in$
$[0,1]$ ist $H(s,\tau)$ einfach die Verbindungsstrecke von z_0 mit $\gamma(\tau)$, parametrisiert
durch s. Außerdem ist H stetig und es gilt $H(0,t) = \gamma(t)$ sowie $H(1,t) = z_0$,
sodass die zweite Eigenschaft gezeigt ist.

Beispiel

Die Menge $M = \{z \in \mathbb{C} \mid \mathrm{Re}(z) \neq 0\}$ ist nicht einfach-zusammenhängend,
da sie nicht wegzusammenhängend ist. (Jede stetige Kurve z. B. von -1 nach
1 muss aufgrund des Zwischenwertsatzes irgendwo verschwindenden Realteil
haben. Diese Punkte sind jedoch nicht Teil von M.)

Beispiel

Die Menge $M = \mathbb{C} \setminus \{0\}$ ist zwar wegzusammenhängend, jedoch nicht einfach-
zusammenhängend. Anschaulich ist dies klar, denn jede geschlossene Kurve
um den Ursprung muss beim stetigen Zusammenziehen diesen zwangsläufig
passieren. Wir dürfen uns einfach-zusammenhängende Mengen in der Ebene
als wegzusammenhängende Mengen vorstellen, die keine Löcher haben, siehe
Abbildung 4.2.

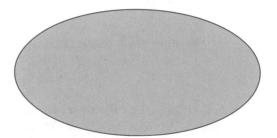

(a) Eine einfach-zusammenhängende Menge

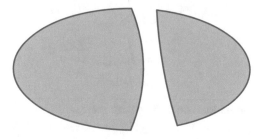

(b) Eine nicht wegzusammenhängende Menge

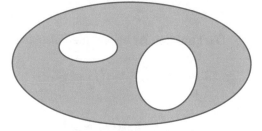

(c) Eine wegzusammenhängende, jedoch nicht einfach-zusammenhängende Menge

Abbildung 4.2: Zusammenhang

Residuensatz

■ Satz

Sei $f\colon \mathbb{C} \overset{\circ}{\supseteq} U \to \mathbb{C}$ eine holomorphe Funktion mit endlich vielen isolierten Singularitäten. Sei ferner B ein einfach-zusammenhängender Bereich mit ganz in U enthaltener (stückweise stetig differenzierbarer) orientierter Randkurve γ. Bezeichnen wir mit $z_1, \ldots, z_n$ die in B enthaltenen isolierten Singularitäten von f, so gilt:

$$\int_\gamma f(z)\, dz = 2\pi i \sum_{k=1}^n \operatorname{Res}_{z_k}(f).$$

Beispiel

Sei $f(z) = \frac{1}{z-a}$ mit $a \in \mathbb{C}$ beliebig. Das Residuum an der einzigen Polstelle $z = a$ ist offensichtlich gleich 1 (Laurent-Reihe!); wir können es aber auch mit der Integralformel von Cauchy berechnen; mit $g(z) := 1$ gilt nämlich:

$$\begin{aligned}
\operatorname{Res}_a(f) &= \frac{1}{2\pi i} \int_{|z-a|=1} f(z)\, dz \\
&= \frac{1}{2\pi i} \int_{|z-a|=1} \frac{g(z)}{z-a}\, dz \\
&= g(a) = 1.
\end{aligned}$$

Somit gilt für jede geschlossene, stückweise stetig differenzierbare Kurve γ, die a umschließt: $\int_\gamma \frac{1}{z-a}\, dz = 2\pi i$. Für jede geschlossene, stückweise stetig differenzierbare Kurve, welche a nicht umschließt, gilt $\int_\gamma f(z)\, dz = 0$ (wir erinnern hierbei auch an den Cauchy'schen Integralsatz).

Beispiel

Sei $f(z) = \frac{1}{z-1} - \frac{2}{z+1}$. Die Funktion ist bis auf die Polstellen $z = 1$ und $z = -1$ holomorph. Es gilt

$$\operatorname{Res}_1(f) = 1, \operatorname{Res}_{-1}(f) = -2,$$

sodass z. B.

$$\int_{|z-1|=1} f(z)\, dz = 2\pi i \cdot \operatorname{Res}_1(f) = 2\pi i,$$

$$\int_{|z-(-1)|=1} f(z)\, dz = 2\pi i \cdot \operatorname{Res}_{-1}(f) = -4\pi i,$$

$$\int_{|z|=2} f(z)\, dz = 2\pi i \cdot (\operatorname{Res}_{-1}(f) + \operatorname{Res}_1(f)) = -2\pi i.$$

Beispiel

Mithilfe des Residuensatzes können reelle Integrale der Form

$$\int_0^{2\pi} R(\cos t, \sin t)\, dt$$

berechnet werden, wobei R eine rationale Funktion ist, z. B. $R(x,y) = \frac{xy}{x+y}$ bzw. $R(\cos t, \sin t) = \frac{\cos t \cdot \sin t}{\cos t + \sin t}$. Aufgrund der Euler-Identität gilt

$$\cos t = \frac{1}{2}\left(e^{it} + e^{-it}\right), \quad \sin t = \frac{1}{2i}\left(e^{it} - e^{-it}\right).$$

Somit ergibt sich

$$\begin{aligned}
\int_0^{2\pi} R(\cos t, \sin t)\, dt &= \int_0^{2\pi} R\left(\frac{1}{2}\left(e^{it} + e^{-it}\right), \frac{1}{2i}\left(e^{it} - e^{-it}\right)\right) dt \\
&= \int_0^{2\pi} R\left(\frac{1}{2}\left(e^{it} + e^{-it}\right), \frac{1}{2i}\left(e^{it} - e^{-it}\right)\right) \frac{ie^{it}}{ie^{it}}\, dt \\
&= \frac{1}{i}\int_0^{2\pi} \frac{1}{e^{it}} R\left(\frac{1}{2}\left(e^{it} + \frac{1}{e^{it}}\right), \frac{1}{2i}\left(e^{it} - \frac{1}{e^{it}}\right)\right) ie^{it}\, dt \\
&= \frac{1}{i}\int_{|z|=1} \frac{1}{z} R\left(\frac{1}{2}\left(z + \frac{1}{z}\right), \frac{1}{2i}\left(z - \frac{1}{z}\right)\right) dz.
\end{aligned}$$

Der letzte Term lässt sich mit dem Residuensatz berechnen, falls

$$f(z) := \frac{1}{z} R\left(\frac{1}{2}\left(z + \frac{1}{z}\right), \frac{1}{2i}\left(z - \frac{1}{z}\right)\right)$$

keine Polstellen auf der Kreislinie $\{z \in \mathbb{C} \mid |z| = 1\}$ besitzt. Sind in diesem Fall $z_1, \ldots, z_n$ alle Singularitäten von f in der Kreisscheibe $\{z \in \mathbb{C} \mid |z| < 1\}$, so ergibt sich schließlich:

$$\int_0^{2\pi} R(\cos t, \sin t)\, dt = 2\pi \sum_{k=1}^{n} \operatorname{Res}_{z_k}\left(\frac{1}{z} R\left(\frac{1}{2}\left(z + \frac{1}{z}\right), \frac{1}{2i}\left(z - \frac{1}{z}\right)\right)\right).$$

Beispiel

Wir wollen das reelle Integral $\int_0^{2\pi} \frac{dt}{a + \cos t}$ mit $a > 1$ berechnen:

$$\begin{aligned}
\int_0^{2\pi} \frac{dt}{a + \cos t} &= \frac{1}{i}\int_{|z|=1} \frac{dz}{z\left(a + \frac{1}{2}\left(z + \frac{1}{z}\right)\right)} \\
&= \frac{2}{i}\int_{|z|=1} \frac{dz}{z^2 + 2az + 1} \\
&= \frac{2}{i}\int_{|z|=1} \frac{dz}{(z - z_+)(z - z_-)} \quad \text{mit } z_\pm = -a \pm \sqrt{a^2 - 1} \\
&= \frac{2}{i}\int_{|z|=1} \frac{1}{z_+ - z_-}\left(\frac{1}{z - z_+} - \frac{1}{z - z_-}\right) dz \\
&= \frac{1}{i}\int_{|z|=1} \frac{1}{\sqrt{a^2 - 1}}\left(\frac{1}{z - z_+} - \frac{1}{z - z_-}\right) dz \\
&= \frac{1}{i\sqrt{a^2 - 1}}\int_{|z|=1} \left(\frac{1}{z - z_+} - \frac{1}{z - z_-}\right) dz
\end{aligned}$$

$$= \frac{2\pi i}{i\sqrt{a^2 - 1}} \mathrm{Res}_{z_+} \left(\frac{1}{z - z_+} - \frac{1}{z - z_-} \right)$$
$$= \frac{2\pi}{\sqrt{a^2 - 1}}.$$

Ausblick

Der Zusammenhang zu reellen Integralen ist auf den ersten Blick vermutlich so sensationell wie nützlich. Betrachten wir den Residuensatz, so fällt dazu sofort auf, dass er das inzwischen Bekannte zu den Integralen aus dem zweiten Kapitel im Zusammenhang mit Cauchy verallgemeinert.

Mit dem Abschluss unserer Untersuchungen auf dem Gebiet der Funktionentheorie lässt sich feststellen, dass wir einer Reihe von Überraschungen begegnet sind, denn eigentlich hätten wir auch erwarten können, dass nichts wirklich Begeisterndes passiert, wenn vermeintlich einfach nur die komplexen anstatt der reellen Zahlen betrachtet werden – wir lernten, dass es so einfach (zum Glück) nicht ist.

Die an verschiedenen Stellen erkannten Zusammenhänge zur Physik sind nur ein guter Grund dafür, die Funktionentheorie nicht nur als innermathematisches Konstrukt anzusehen, im Gegenteil, ihre vielfältigen Anwendungen machen sie besonders interessant.

Selbsttest

I. Welche Teilmengen von $\mathbb{C}$ sind einfach zusammenhängend?

(1) $B_r(z_0) = \{z \in \mathbb{C} \mid |z - z_0| \leq r\}$ für $r > 0$ und $z_0 \in \mathbb{C}$

(2) $B_{r_0}(z_0) \cup B_{r_1}(z_1)$ für $z_0, z_1 \in \mathbb{C}$, $r_0, r_1 > 0$ und $|z_0 - z_1| \leq r_0 + r_1$

(3) $\{x + iy \mid x, y \in \mathbb{Q}\}$

(4) $\{x + iy \mid x \in \mathbb{R},\, y \in \mathbb{Q}\}$

(5) $\{x + iy \mid x \in \mathbb{R}_{\leq 0},\, y \in \mathbb{R}\} = \mathbb{C} \setminus \mathbb{R}_{>0}$

(6) $\{0\}$

II. Welche Integrale haben den Wert $2\pi i$?

(1)
$$\int_{|z|=1} \frac{1}{z}\, dz$$

(2)
$$\int_{|z|=1} \frac{1}{z^2}\, dz$$

(3)
$$\int_{|z|=1} \frac{1}{z-1}\, dz$$

(4)
$$\int_{|z|=2} \frac{1}{z-1}\, dz$$

(5)
$$\int_{|z-1|=1} \frac{1}{z-1}\, dz$$

(6)
$$\int_{|z|=1} \frac{1}{z-2}\, dz$$

III. Was ist das Ergebnis des Integrals

$$\int_{|z|=1} \frac{1}{z^n}\, dz\, ?$$

(1) $\dfrac{n}{2\pi i}$

(2) $\dfrac{1}{2n\pi i}$

(3) $2n\pi i$

(4) $\dfrac{1}{2\pi i}$

(5) n

(6) 0

Aufgaben zur Funktionentheorie

I. Worauf wird die imaginäre Achse durch sin und cos abgebildet?

II. Beweisen Sie mit Hilfe der Cauchy'schen Integralformel den Satz von Liouville:

Sei $f: \mathbb{C} \to \mathbb{C}$ holomorph und beschränkt, also $|f(z)| \leq M \in \mathbb{R}_{\geq 0}$ für alle $z \in \mathbb{C}$. Dann ist f konstant.

III. Bestimmen Sie für $\gamma: [0, 2\pi] \to \mathbb{C}$, $t \mapsto 2\pi e^{it}$, das Integral

$$\int_\gamma \frac{1}{z - \frac{\pi}{2}}\, dz$$

mithilfe der Cauchy'schen Integralformel.

IV. Zeigen Sie, dass die Funktion

$$f: \mathbb{C} \setminus \{0\} \to \mathbb{C}, \quad f(z) = \frac{1}{1 - e^z}$$

einen Pol erster Ordnung in $z = 0$ hat. Bestimmen Sie dann das Residuum $\mathrm{Res}_0(f)$ und berechnen Sie

$$\int_{|z|=1} f(z)\, dz.$$

Teil II

Topologie und Analysis auf Mannigfaltigkeiten

5 Topologische Räume

Einblick

Ein Raum in der Mathematik ist eine Menge mit Struktur, so kamen wir beispielsweise zu den Vektorräumen. Die Festlegung von Strukturen ist allgemein einem Zweck untergeordnet und bei topologischen Räumen ist ein nicht unwesentlicher Zweck die Untersuchung von Stetigkeit.

Verwenden wir an dieser Stelle bisher erworbenes Wissen, so können wir die folgende Überlegung anstellen: Jeder Vektorraum mit Skalarprodukt $(x, y) \mapsto \langle x, y \rangle$ kann über $\|x\| := \sqrt{\langle x, x \rangle}$ zu einem normierten Vektorraum gemacht werden. Jeder normierte Vektorraum kann wiederum vermöge $d(x, y) := \|x - y\|$ zu einem metrischen Raum gemacht werden. Eine noch allgemeinere Struktur, die wiederum jedem metrischen Raum aufgeprägt ist, aber noch mehr umfasst, wird gerade durch einen topologischen Raum geliefert.

Die Topologie bietet immer wieder gute Möglichkeiten zur Veranschaulichung von Sachverhalten. Bedeutender noch ist allerdings, dass sie für viele Teile der modernen Mathematik die Basis bildet, weil dort wesentliche topologische Begriffe wie Kompaktheit und Zusammenhang ständig vorkommen.

Dass ein so wichtiges Teilgebiet der Mathematik für die Physik essenziell ist, überrascht nicht, jedoch eventuell ihre Anwendungsmöglichkeiten bis hin zum Design neuartiger Medikamente.

Grundlagen

▶ **Definition**

Sei X eine Menge und $P(X)$ ihre Potenzmenge. Eine Teilmenge $\mathcal{O} \subseteq P(X)$ heißt System. Eine Zusammenfassung $(U_i)_{i \in I}$ von Teilmengen $U_i \subseteq X$ für eine beliebige Indexmenge I heißt Familie. ◀

Erläuterung

Bei einer Indexmenge denken wir üblicherweise an eine Teilmenge der natürlichen Zahlen; dies muss jedoch nicht sein.

▶ **Definition**

Sei X eine Menge. Ein System $\mathcal{O} \subseteq P(X)$ nennen wir eine Topologie auf X, falls gilt:

© Springer-Verlag GmbH Deutschland, ein Teil von Springer Nature 2023
M. Scherfner und T. Volland, *Mathematik für das Bachelorstudium III*,
https://doi.org/10.1007/978-3-8274-2558-4_5

1. Wenn für eine beliebige Familie $(O_i)_{i \in I}$ von Teilmengen von X gilt, dass $O_i \in \mathcal{O}$ für alle $i \in I$, so folgt $\bigcup_{i \in I} O_i \in \mathcal{O}$.

2. Wenn für eine endliche Familie $O_1, \ldots, O_n$ von Teilmengen von X gilt, dass $O_i \in \mathcal{O}$ für alle $i \in \{1, \ldots, n\}$, so folgt $\bigcap_{i=1}^{n} O_i \in \mathcal{O}$.

3. Der gesamte Raum X und die leere Menge sind in $\mathcal{O}$ enthalten: $X, \emptyset \in \mathcal{O}$.

Wir nennen dann das Paar $(X, \mathcal{O})$ einen topologischen Raum; die Elemente von $\mathcal{O}$ heißen offene Mengen. Eine Teilmenge von X heißt abgeschlossen, wenn ihr Komplement offen ist.   ◀

Erläuterung
Wir werden immer wieder X statt $(X, \mathcal{O})$ für einen topologischen Raum schreiben, wenn damit keine Informationen verloren gehen.

Erläuterung
Wie auch bei metrischen Räumen schließen sich die Begriffe „offen" und „abgeschlossen" nicht gegenseitig aus; aus der obigen Definition ergibt sich sofort, dass X und $\emptyset$ sowohl offen als auch abgeschlossen sind.

Erläuterung
Tatsächlich folgt die dritte Bedingung an eine Topologie bereits aus den ersten beiden, denn speziell mit der leeren Menge als Indexmenge ergibt sich:

$$\bigcup_{i \in \emptyset} O_i = \{x \in X \mid \exists i \in \emptyset \; (x \in O_i)\} = \emptyset,$$

$$\bigcap_{i \in \emptyset} O_i = \{x \in X \mid \forall i \in \emptyset \; (x \in O_i)\} = X.$$

Beispiel
Für jede Menge X können wir die sog. indiskrete Topologie $\mathcal{O}_{\mathrm{ind}} := \{\emptyset, X\}$ und die diskrete Topologie $\mathcal{O}_{\mathrm{dis}} := P(X)$ betrachten.

Beispiel
Seien $X = \{1, 2, 3\}$ und $\mathcal{O} = \{\emptyset, X, \{1, 2\}, \{2, 3\}\}$. Dann gilt zwar $\mathcal{O} \subset P(X)$, jedoch ist $\mathcal{O}$ keine Topologie: $\{1, 2\} \cap \{2, 3\} = \{2\} \notin \mathcal{O}$.

Beispiel
Sei $\mathcal{O}$ die Menge aller offenen reellen Intervalle der Form $]-\infty, a[$, $a \in \mathbb{R}$, zusammen mit $\emptyset$ und $\mathbb{R}$. Tatsächlich ist $\mathcal{O}$ eine Topologie auf $\mathbb{R}$.

Beispiel
Die natürliche Topologie oder Standardtopologie auf $\mathbb{R}$ besteht aus allen Vereinigungen offener Intervalle $]a, b[\subseteq \mathbb{R}$.

Erläuterung

Analog definieren wir auch die Standardtopologie des $\mathbb{R}^n$, indem wir offene Intervalle durch offene Kugeln verallgemeinern. Soweit nicht anders erwähnt, denken wir uns den $\mathbb{R}^n$ immer als mit der Standardtopologie versehen.

Erläuterung

Manche Topologien auf einer Menge X sind metrisierbar, d. h. sie sind die natürliche Topologie einer geeigneten Metrik; andere sind dies nicht.

Beispiel

Die diskrete Topologie gehört zur diskreten Metrik

$$d(x,y) := \begin{cases} 0 & \text{für } x = y \\ 1 & \text{für } x \neq y \end{cases}.$$

Es ist nämlich jede einpunktige Menge $\{x\}$ bzgl. der diskreten Metrik gleichzeitig die offene $\frac{1}{2}$-Kugel um x. Folglich ist jede Menge $U = \bigcup_{x \in U} \{x\}$ offen und die Topologie besteht aus der gesamten Potenzmenge.

Beispiel

Besteht X aus mehr als einem Punkt, so besitzt die indiskrete Topologie auf X nicht die Hausdorff-Eigenschaft und kann folglich nicht metrisierbar sein. (Die einzig mögliche Umgebung eines Punktes von $(X, \{\emptyset, X\})$ ist der gesamte Raum X. Folglich können zwei verschiedene Punkte keine disjunkten Umgebungen besitzen.)

Basen und Umgebungen

▶ **Definition**

Ein Teilsystem B offener Mengen eines topologischen Raums heißt Basis der Topologie, falls jede offene Menge als eine Vereinigung von Mengen aus B dargestellt werden kann. ◀

Beispiel

Eine Basis für die indiskrete Topologie einer Menge X ist gegeben durch $B = \{X\}$.

Beispiel

Eine Basis für die Topologie auf $\mathbb{R}$, die aus allen Intervallen der Form $]-\infty, a[$ besteht, ist gegeben durch $B = \{\,]-\infty, q[\mid q \in \mathbb{Q}\}$.

Beispiel

Die offenen Kugeln eines metrischen Raums bilden eine Basis der zu einer Metrik gehörigen Topologie, siehe den folgenden Satz.

► **Definition**

Sei X ein topologischer Raum und $x \in X$. Wir nennen eine Teilmenge U von X eine Umgebung von x, falls eine offene Teilmenge O von U existiert, welche x enthält.   ◄

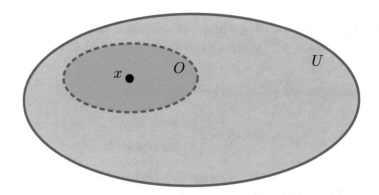

Abbildung 5.1: U ist eine Umgebung von x, wenn eine offene Menge O mit $x \in O \subseteq U$ existiert

■ **Satz**

Sei (X, d) ein metrischer Raum. Dann gilt:

1. Die offenen Mengen in X als metrischen Raum bilden eine Topologie auf X.

2. Die offenen Kugeln in X bilden eine Basis dieser Topologie.

3. Der Begriff der Umgebung eines Punktes in X als metrischen Raum stimmt mit dem topologischen Umgebungsbegriff überein.

Beweis:

1. Wir haben bereits bewiesen, dass beliebige Vereinigungen offener Mengen eines metrischen Raums wiederum offene Mengen sind. Auch wurde gezeigt, dass der Schnitt von zwei offenen Mengen eines metrischen Raumes wieder offen ist, was sich ohne große Mühe auf endliche Schnitte verallgemeinern lässt.

2. Sei O eine offene Menge in X, und für alle $x \in O$ sei $B(x)$ eine beliebige offene Kugel um x, die ganz in O enthalten ist. (Dass eine solche Kugel existiert, macht gerade die Definition einer offenen Menge des metrischen Raums X aus.) Dann gilt sicher

$$\bigcup_{x \in O} B(x) = O.$$

3. Wir erinnern: Eine Teilmenge $U \subseteq X$ ist genau dann Umgebung eines Punktes $x \in X$, wenn eine offene Kugel um x existiert, die ganz in U enthalten ist. Daraus folgt die Behauptung unmittelbar. ∎

Stetige Abbildungen

■ **Satz**

Eine Teilmenge U eines topologischen Raums X ist genau dann offen, wenn U Umgebung aller ihrer Punkte ist.

Beweis:

⇒ Sei $U \subseteq X$ eine offene Menge und $x \in U$. Dann ist U offensichtlich eine Umgebung von x, da $x \in U \subseteq U$.

⇐ Sei $U \subseteq X$ nun so, dass U Umgebung aller ihrer Punkte ist. Dann gibt es also für alle $x \in U$ eine offene Umgebung $O(x)$, die ganz in U enthalten ist. Daraus folgt, dass $U = \bigcup_{x \in U} O(x)$ eine offene Menge sein muss (s. Abb. 5.2). ∎

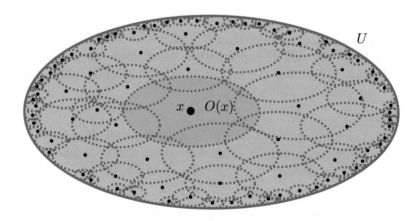

Abbildung 5.2: Ist U Umgebung aller ihrer Punkte, dann gilt $U = \bigcup_{x \in U} O(x)$ mit geeigneten offenen Umgebungen $(O(x))_{x \in U}$

▶ **Definition**

Die Menge $\mathcal{U}(x)$ aller Umgebungen eines Punktes x heißt Umgebungssystem von x. ◀

▶ **Definition**

Seien $(X, \mathcal{O}_1)$ und $(Y, \mathcal{O}_2)$ topologische Räume. Eine Abbildung $f\colon X \to Y$ (wir schreiben auch $f\colon (X, \mathcal{O}_1) \to (Y, \mathcal{O}_2)$) heißt stetig (bzgl. der gegebenen Topologien), falls jedes Urbild unter f einer offenen Menge in Y wieder eine offene Menge ist.   ◀

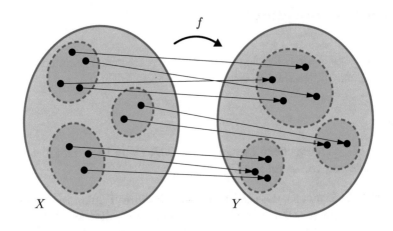

Abbildung 5.3: $f\colon (X, \mathcal{O}_1) \to (Y, \mathcal{O}_2)$ ist stetig $\Leftrightarrow \forall O \in \mathcal{O}_2 \; (f^{-1}(O) \in \mathcal{O}_1)$

Beispiel

Sei $(X, \mathcal{O}_{\text{dis}})$ eine Menge X mit ihrer diskreten Topologie $\mathcal{O}_{\text{dis}} = P(X)$ und $(Y, \mathcal{O})$ ein beliebiger anderer topologischer Raum. Dann ist jede Abbildung $f\colon (X, \mathcal{O}_{\text{dis}}) \to (Y, \mathcal{O})$ stetig. (Denn jede Teilmenge im Definitionsbereich X ist offen.)

Beispiel

Sei $(Y, \mathcal{O}_{\text{ind}})$ eine Menge Y mit ihrer indiskreten Topologie $\mathcal{O}_{\text{ind}} = \{\emptyset, Y\}$ und $(X, \mathcal{O})$ ein beliebiger anderer topologischer Raum. Dann ist jede Abbildung $f\colon (X, \mathcal{O}) \to (Y, \mathcal{O}_{\text{ind}})$ stetig. (Denn $f^{-1}(\emptyset) = \emptyset$ und $f^{-1}(Y) = X$.)

Beispiel

Seien $(X, \mathcal{O}_1)$ und $(Y, \mathcal{O}_2)$ beliebige topologische Räume und $y_0 \in Y$ ein fest gewählter Punkt. Die konstante Abbildung $f\colon X \to Y$, $f(x) = y_0$ ist stetig: Für jede Teilmenge $U \subseteq Y$ gilt $f^{-1}(U) = \emptyset$ falls $y_0 \notin U$ und $f^{-1}(U) = X$ falls $y_0 \in U$.

Erläuterung

Über die Bilder offener Mengen unter stetigen Abbildungen können keine allgemeingültigen Aussagen getroffen werden. Beispielsweise gilt für die bzgl. der Standardtopologie auf $\mathbb{R}$ stetige Abbildung $f\colon \mathbb{R} \to \mathbb{R}$, $x \mapsto \frac{1}{1+x^2}$, dass $f(\mathbb{R}) =]0, 1]$ – und diese Menge ist weder offen noch abgeschlossen.

■ Satz

Sind $f\colon (X,\mathcal{O}_1) \to (Y,\mathcal{O}_2)$ und $g\colon (Y,\mathcal{O}_2) \to (Z,\mathcal{O}_3)$ stetige Abbildungen zwischen topologischen Räumen, dann ist auch die Komposition $g \circ f\colon (X,\mathcal{O}_1) \to (Z,\mathcal{O}_3)$ stetig.

Beweis: Sei $O \in \mathcal{O}_3$, also O eine offene Teilmenge von Z. Aufgrund der Stetigkeit von g ist $g^{-1}(O)$ eine offene Menge. Aufgrund der Stetigkeit von f ist $f^{-1}(g^{-1}(O)) = (g \circ f)^{-1}(O)$ eine offene Menge.   ■

▶ Definition

Seien $(X,\mathcal{O}_1)$ und $(Y,\mathcal{O}_2)$ topologische Räume. Eine Abbildung $f\colon X \to Y$ heißt stetig im Punkt $x \in X$, falls es zu jeder Umgebung V von $f(x)$ eine Umgebung U von x gibt, sodass gilt: $f(U) \subseteq V$.   ◀

Erläuterung

Eine Abbildung f ist genau dann stetig im Punkt x, wenn für jede Umgebung V von $f(x)$ das Urbild $f^{-1}(V)$ eine Umgebung von x ist; siehe Abbildung 5.4.

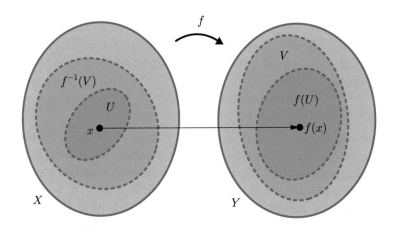

Abbildung 5.4: $f\colon X \to Y$ ist stetig im Punkt $x \in X$
$$\Leftrightarrow \quad \forall V \in \mathcal{U}(f(x)) \; \exists U \in \mathcal{U}(x) \; (f(U) \subseteq V)$$
$$\Leftrightarrow \quad \forall V \in \mathcal{U}(f(x)) \; \exists U \in \mathcal{U}(x) \; (U \subseteq f^{-1}(V))$$
$$\Leftrightarrow \quad \forall V \in \mathcal{U}(f(x)) \; (f^{-1}(V) \in \mathcal{U}(x))$$

■ Satz

Eine Abbildung zwischen topologischen Räumen ist genau dann stetig, wenn sie in jedem Punkt stetig ist.

Beweis: Seien X und Y topologische Räume und $f\colon X \to Y$ eine Abbildung.

⇒ Sei f stetig und $x \in X$. Sei V nun eine Umgebung von $f(x)$, sodass also eine offene Menge $O \subseteq V$ mit $f(x) \in O$ existiert. Aufgrund der Stetigkeit von f ist $U := f^{-1}(O)$ eine offene Umgebung von x mit $f(U) = O \subseteq V$.

⇐ Sei $V \subseteq Y$ eine offene Menge. Wenn f stetig in allen Punkten ist, gibt es für jedes $x \in f^{-1}(V)$ eine offene Umgebung $O(x)$ mit $f(O(x)) \subseteq V$. Folglich ist $f^{-1}(V) = \bigcup_{x \in f^{-1}(V)} O(x)$ offen.   ∎

Erläuterung

Der Begriff der Stetigkeit von Abbildungen zwischen metrischen Räumen (z. B. $\mathbb{R}^n$ mit euklidischer Standardmetrik) ist ein Spezialfall des topologischen Stetigkeitsbegriffs. Wir stellen uns zum Vergleich mit der ε-δ-Stetigkeit etwa vor, die Umgebung V von $f(x)$ sei eine ε-Kugel, und die Umgebung U von x mit $f(U) \subseteq V$ sei eine δ-Kugel.

Homöomorphismen und Unterräume

▶ **Definition**
Eine bijektive Abbildung $f\colon (X, \mathcal{O}_1) \to (Y, \mathcal{O}_2)$ zwischen topologischen Räumen heißt Homöomorphismus, wenn sowohl f als auch ihre Umkehrabbildung f^{-1} stetig sind. Wenn ein solcher Homöomorphimus existiert, nennen wir $(X, \mathcal{O}_1)$ und $(Y, \mathcal{O}_2)$ homöomorph.   ◀

Beispiel

Jeder topologische Raum ist zu sich selbst homöomorph, denn die identische Abbildung ist ein Homöomorphismus, wenn auch nicht zwangsläufig der einzige: Das abgeschlossene Intervall $X := [0, 1]$ wird zu einem metrischen Raum, indem wir die Standardmetrik von $\mathbb{R}$ auf $[0, 1]$ einschränken: $d_X(x, y) := |x - y|$. Mit der entsprechenden Topologie ist die Abbildung $f\colon [0, 1] \to [0, 1]$, $f(x) = x^2$ ein Homöomorphismus von X auf sich selbst, mit Umkehrabbildung $f^{-1}(x) = \sqrt{x}$.

Beispiel

Das offene Intervall $Y := {]{-1}, 1[}$ wird zu einem metrischen Raum, indem wir die Standardmetrik von $\mathbb{R}$ auf ${]{-1}, 1[}$ einschränken: $d_Y(x, y) := |x - y|$. Die Abbildung $g\colon {]{-1}, 1[} \to \mathbb{R}$, $g(x) = \frac{x}{1-|x|}$ ist dann ein Homöomorphismus von ${]{-1}, 1[}$ auf $\mathbb{R}$. Folglich sind ${]{-1}, 1[}$ und $\mathbb{R}$ homöomorph. (Wir dürfen uns vorstellen, dass das Intervall auf stetige Weise in die Länge gezogen wird.)

Beispiel

Wir demonstrieren in diesem Beispiel, dass die Umkehrabbildung einer bijektiven stetigen Abbildung nicht zwangsläufig auch stetig ist.

Sei X eine Menge, die mehr als ein Element enthält, und $f\colon X \to X$ eine beliebige bijektive Abbildung (z. B. die Identität). Als Abbildung zwischen topologi-
schen Räumen ist $f\colon (X, \mathcal{O}_{\mathrm{dis}}) \to (X, \mathcal{O}_{\mathrm{ind}})$ zwar stetig, die Umkehrabbildung
$f^{-1}\colon (X, \mathcal{O}_{\mathrm{ind}}) \to (X, \mathcal{O}_{\mathrm{dis}})$ jedoch nicht: Für ein $x \in X$ ist $\{x\}$ zwar offen
bzgl. der diskreten Topologie, das Urbild $(f^{-1})^{-1}(\{x\}) = \{f(x)\}$ ist jedoch
nicht offen in der indiskreten Topologie.

▶ **Definition**

Sei $(X, \mathcal{O})$ ein topologischer Raum und $U \subseteq X$. Dann ist $\mathcal{O}_U := \{O \cap U \mid$
$O \in \mathcal{O}\}$ eine Topologie auf U. Wir nennen $\mathcal{O}_U$ die Unterraumtopologie oder
induzierte Topologie auf U; $(U, \mathcal{O}_U)$ heißt topologischer Unterraum.   ◀

Erläuterung

Dass $\mathcal{O}_U$ tatsächlich eine Topologie ist, ist nicht so schwer einzusehen. Nach
Konstruktion gilt sicher $\mathcal{O}_U \subseteq P(U)$. Des Weiteren gilt für eine endliche Familie
von Teilmengen $O_1, \ldots, O_n \in \mathcal{O}$

$$(O_1 \cap U) \cap \ldots \cap (O_n \cap U) = (O_1 \cap \ldots \cap O_n) \cap U \in \mathcal{O}_U.$$

Ist $(O_i)_{i \in I}$ eine beliebige Familie von Mengen in $\mathcal{O}$, so haben wir

$$\bigcup_{i \in I}(O_i \cap U) = \{x \in X \mid \exists i \in I \, (x \in O_i \cap U)\}$$

$$= \{x \in X \mid \exists i \in I \, (x \in O_i \wedge x \in U)\}$$

$$= \{x \in X \mid x \in U \wedge \exists i \in I \, (x \in O_i)\}$$

$$= U \cap \bigcup_{i \in I} O_i \in \mathcal{O}_U.$$

Beispiel

Wir betrachten die komplexe Ebene $\mathbb{C}$ als metrischen Raum mit der Standard-
norm $|z| = \sqrt{z\bar{z}}$. Eine mögliche Basis der entsprechenden Topologie ist gegeben
durch alle offenen Kreisscheiben in der komplexen Ebene. Die auf $\mathbb{R} \subset \mathbb{C}$ induzierte Topologie ist die Standardtopologie auf $\mathbb{R}$, denn die Schnitte dieser
offenen Kreisscheiben sind die offenen Intervalle in $\mathbb{R}$; siehe Abb. 5.6. (Beachten Sie, dass offene Intervalle in $\mathbb{R}$ jedoch nicht offen in $\mathbb{C}$ sind.) Betrachten wir
nun die Kreislinie mit Radius eins um den Ursprung abzüglich des Nordpols:
$Z := \{z \in \mathbb{C} \mid |z| = 1\} \setminus \{i\}$. Die Menge Z ist ein topologischer Unterraum
von $\mathbb{C}$, und die Abbildung $h\colon Z \to \mathbb{R}$, $h(x + iy) = \frac{x}{1-y}$ ist ein Homöomorphismus von Z auf $\mathbb{R}$. Wir nennen h stereografische Projektion, s. Abb. 5.7. (Wir
dürfen uns auch vorstellen, dass die punktierte Kreislinie an der Bruchstelle
aufgebogen und gerade gezogen wird.)

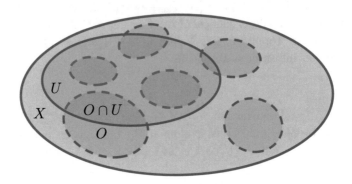

Abbildung 5.5: Die Unterraumtopologie von U besteht aus allen Mengen der Form $\{O \cap U \mid O \text{ offen in } X\}$

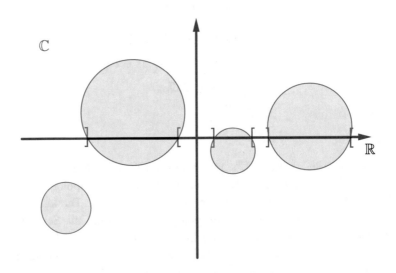

Abbildung 5.6: Unterraumtopologie von $\mathbb{R}$ in $\mathbb{C}$

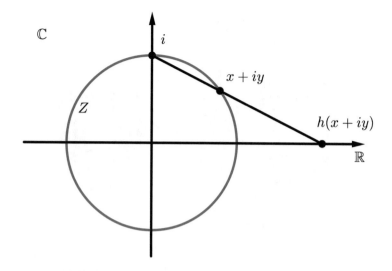

Abbildung 5.7: Stereografische Projektion

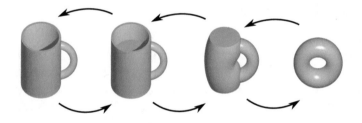

Abbildung 5.8: Die Oberflächen von Kaffeetasse und Torus sind homöomorph

Erläuterung

Wir dürfen uns zueinander homöomorphe Räume als Objekte vorstellen, die durch stetige und umkehrbare Verformung ineinander übergehen. Homöomorphe (zu deutsch etwa: gleichgestaltige) Räume sind vom topologischen Standpunkt aus äquivalent. Deshalb bezeichnen wir die Topologie scherzhaft auch als „Gummituchgeometrie" und sagt, der Topologe könne seinen Teigkringel nicht von der Kaffeetasse (mit einem Henkel) unterscheiden: Stellen wir uns vor, wie wir beide Oberflächen stetig ineinander verformen kann (Abb. 5.8). Können wir auch eine Brezel in einen Teigkringel (inzwischen wahrscheinlich unter einem anderen Namen vertrauter) verformen, d. h. existiert ein Homöomorphismus zwischen Dreifachtorus und Torus (Abb. 5.9)?

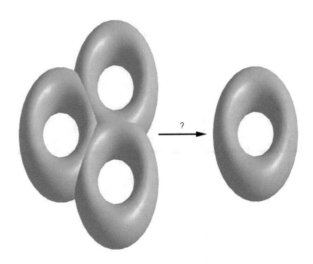

Abbildung 5.9: Sind Dreifach- und Einfachtorus homöomorph?

Kompakte Räume

▶ **Definition**
Ein topologischer Raum $(X, \mathcal{O})$ heißt kompakt, falls es zu jeder offenen Überdeckung von X eine endliche Teilüberdeckung gibt. Dies bedeutet genauer: Für jede Familie offener Mengen $(O_i)_{i \in I}$ mit $X = \bigcup_{i \in I} O_i$ existiert eine endliche Auswahl von Indizes $J \subseteq I$ mit $X = \bigcup_{j \in J} O_j$. Eine Teilmenge $A \subseteq X$ heißt kompakt, wenn sie bzgl. ihrer Unterraumtopologie in X kompakt ist. ◀

Erläuterung
Ein Teilraum $A \subseteq X$ ist genau dann kompakt, wenn zu jeder Familie offener Mengen $(O_i)_{i \in I}$ mit $A \subseteq \bigcup_{i \in I} O_i$ eine endliche Auswahl von Indizes $J \subseteq I$ mit $A \subseteq \bigcup_{j \in J} O_j$ existiert.

Erläuterung
Jeder Raum mit endlicher Topologie (d. h. es gibt überhaupt nur endlich viele verschiedene offene Mengen) ist offensichtlich kompakt. Insbesondere ist jeder indiskrete Raum kompakt, und jede endliche Menge ist kompakt.

Erläuterung
Manche Autoren verwenden stattdessen den Begriff „quasikompakt" und nennen nur solche Räume kompakt, die quasikompakt und Hausdorff'sch sind.

Beispiel
Sei (X, d) ein metrischer Raum und (x_n) eine konvergente Folge mit Werten in

X und dem Grenzwert $a \in X$. Wir wollen beweisen, dass dann

$$A := \{x_n \mid n \in \mathbb{N}\} \cup \{a\}$$

kompakt ist. Sei dazu $(O_i)_{i \in I}$ eine offene Überdeckung von A, d.h. $A \subseteq \bigcup_{i \in I} O_i$. Da a in A enthalten ist, existiert ein Index $i' \in I$ mit $a \in O_{i'}$. Da $O_{i'}$ offen ist, existiert eine ε-Kugel um a, die ganz in $O_{i'}$ enthalten ist. In dieser ε-Umgebung liegen fast alle Folgenglieder von (x_n), sagen wir für alle $n \geq N$. Diese Folgenglieder sind alle auch in $O_{i'}$ enthalten. Für jedes der übrigen, endlich vielen Folgenglieder $x_0, \ldots, x_{N-1}$ wählen wir jeweils einen Index i_k mit $x_k \in O_{i_k}$ aus, sodass schließlich

$$A \subseteq O_{i_0} \cup \ldots \cup O_{i_{N-1}} \cup O_{i'}.$$

Beispiel

Sei $B = \left\{ \frac{1}{n} \mid n \in \mathbb{N} \setminus \{0\} \right\} \subset \mathbb{R}$. Wir wollen zeigen, dass B nicht kompakt (in $\mathbb{R}$) ist. Sei dazu

$$O_n = \begin{cases} \left] \frac{1}{2}, 2 \right[& \text{für } n = 1, \\ \left] \frac{1}{n+1}, \frac{1}{n-1} \right[& \text{für } n \geq 2. \end{cases}$$

Diese offenen Intervalle überdecken B, da $\frac{1}{n} \in O_n$ für alle $n \in \{1, 2, 3, \ldots\}$ gilt. Jedoch gibt es keine endliche Teilüberdeckung, da jedes der Intervalle immer nur genau ein Element aus B enthält. Nach dem vorigen Beispiel ist jedoch auch klar, dass $\widetilde{B} := B \cup \{0\}$ kompakt ist, denn jede Umgebung von 0 enthält bereits fast alle Punkte aus B.

■ **Satz**

Sei (X, d) ein metrischer Raum und $K \subseteq X$ eine kompakte Menge. Dann ist K beschränkt und abgeschlossen.

Beweis: Wir zeigen zunächst die Beschränktheit von K. Sei $a \in X$. Dann gilt $K \subseteq X = \bigcup_{i=1}^{\infty} U_i$, wobei U_i die offene Kugel um a mit Radius $i \in \mathbb{N}$ ist. Aufgrund der Kompaktheit von K gibt es endlich viele Radien/Indizes $i_0, \ldots, i_N$ mit $K \subseteq U_{i_0} \cup \ldots \cup U_{i_N}$. Sei $R = \max\{i_0, \ldots, i_N\}$. Dann gilt $K \subseteq U_R$ und folglich ist K beschränkt.

Um die Abgeschlossenheit zu zeigen, wählen wir zunächst einen beliebigen Punkt $a \in X \setminus K$ (im Falle $K = X$ wären wir fertig, da X abgeschlossen ist). Nun definieren wir für alle $i \in \mathbb{N}$ mit $i \geq 1$:

$$\widetilde{U}_i := \left\{ x \in X \mid d(a, x) > \frac{1}{i} \right\}$$

Die $\widetilde{U}_i$ sind offen und es gilt $\bigcup_{i=1}^{\infty} \widetilde{U}_i = X \setminus \{a\} \supseteq K$. Wir können aufgrund der Kompaktheit von K wieder endlich viele Indizes auswählen, sodass $K \subseteq$

$\widetilde{U}_{i_0} \cup \ldots \cup \widetilde{U}_{i_N}$. Mit $r = \max\{i_0, \ldots, i_N\}$ ist dann die offene Kugel $\{x \in X \mid d(a, x) < \frac{1}{r}\}$ in $X \setminus K$ enthalten. Da $a \in X \setminus K$ beliebig gewählt war, ist $X \setminus K$ somit offen und folglich K abgeschlossen. Wir betrachten zum Beweis auch die folgende Abbildung 5.10.   ∎

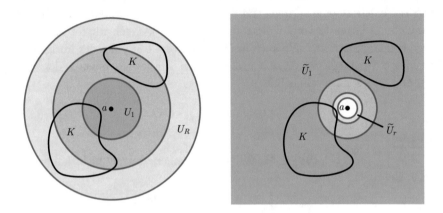

Abbildung 5.10: links: beschränkt; rechts: abgeschlossen

Erläuterung

Die Umkehrung des Satzes gilt im Allgemeinen nicht. So ist in einem diskreten Raum jede Teilmenge beschränkt und abgeschlossen – doch nur die endlichen Teilmengen sind kompakt. Allerdings gilt speziell für topologische Teilräume von $\mathbb{R}^n$ (versehen mit der Standardmetrik!), dass diese genau dann beschränkt und abgeschlossen sind, wenn sie kompakt sind (Satz von Heine-Borel).

■ Satz

Seien $(X, \mathcal{O}_1)$, $(Y, \mathcal{O}_2)$ topologische Räume und $f \colon X \to Y$ eine stetige Abbildung. Wenn X kompakt ist, dann ist auch $f(X)$ kompakt.

Beweis: Sei $(O_i)_{i \in I}$ eine beliebige offene Überdeckung von $f(X)$. Dann ist $(f^{-1}(O_i))_{i \in I}$ aufgrund der Stetigkeit von f eine offene Überdeckung von X. Wenn X kompakt ist, so gibt es eine endliche Auswahl von Indizes $J \subseteq I$ mit

$$X = \bigcup_{j \in J} (f^{-1}(O_j))_{j \in J}.$$

Es ist dann $(O_j)_{j \in J}$ eine zu $(O_i)_{i \in I}$ gehörige endliche Teilüberdeckung von $f(X)$.   ∎

Zusammenhängende Räume

▶ **Definition**

Ein topologischer Raum $(X, \mathcal{O})$ heißt zusammenhängend, wenn er nicht in zwei disjunkte, offene und nichtleere Teilmengen zerlegt werden kann. Genauer bedeutet das: Gilt $X = U \cup V$ mit $U, V \in \mathcal{O}$ und $U, V \neq \emptyset$, so ist $U \cap V \neq \emptyset$. Eine Teilmenge $A \subseteq X$ heißt zusammenhängend, wenn sie bzgl. ihrer Unterraumtopologie in X zusammenhängend ist.   ◀

Erläuterung

Wenn sich X in zwei disjunkte, offene Teilmengen U und V zerlegen lässt, so müssen diese Mengen zugleich auch abgeschlossen sein, denn die Komplemente $X \setminus U = V$ und $X \setminus V = U$ sind offen. Das bedeutet aber auch, das X genau dann zusammenhängend ist, wenn $\emptyset$ und X die einzigen zugleich offenen und abgeschlossenen Teilmengen sind. Diese Charakterisierung von Zusammenhang wird von manchen Autoren auch zu dessen Definition verwendet.

Erläuterung

Topologische Räume, die höchstens einen Punkt enthalten, sowie indiskrete Räume sind zusammenhängend. Jeder diskrete Raum, der mehr als einen Punkt enthält, ist nicht zusammenhängend.

■ **Satz**

Jedes offene Intervall $]a, b[\subset \mathbb{R}$ ist bzgl. der Standardtopologie auf $\mathbb{R}$ zusammenhängend.

Beweis: Wir bezeichnen die Standardtopologie auf $\mathbb{R}$ mit $\mathcal{O}_\mathbb{R}$ und führen den Beweis durch Widerspruch. Angenommen, $]a, b[$ ist nicht zusammenhängend. Dann gibt es $O_1, O_2 \in \mathcal{O}_\mathbb{R}$ mit $U \cup V =]a, b[$, $U \cap V = \emptyset$ und $U, V \neq \emptyset$, wobei $U :=]a, b[\cap O_1$ und $V :=]a, b[\cap O_2$. Da U und V disjunkt und nichtleer sind, können wir $u \in U$ und $v \in V$ mit $u \neq v$ wählen und o. B. d. A. annehmen, dass $u < v$. Sei jetzt $\rho = \{s \in]a, b[\mid [u, s] \subseteq U\}$ und $s_0 = \sup \rho$. Dann gilt $a < u \leq s_0 \leq v < b$, sodass $s_0 \in U \cup V$. Würde $s_0 \in U$ gelten, gäbe es auch ein $\varepsilon > 0$ mit $]s_0 - \varepsilon, s_0 + \varepsilon[\subseteq U$, da U offen ist – dies steht jedoch im Widerspruch zur Supremumseigenschaft von s_0. Aufgrund des gleichen Arguments kann s_0 aber auch nicht in V liegen. Das ist ein Widerspruch zu $s_0 \in U \cup V$.   ■

■ **Satz**

Seien $(X, \mathcal{O}_1)$, $(Y, \mathcal{O}_2)$ topologische Räume und $f \colon X \to Y$ eine stetige Abbildung. Wenn X zusammenhängend ist, dann ist auch $f(X)$ zusammenhängend.

Beweis: Wäre $f(X)$ nicht zusammenhängend, so gäbe es nichtleere Mengen $U, V \in \mathcal{O}_2$ mit $f(X) = U \cup V$ und $U \cap V = \emptyset$. Aufgrund der Stetigkeit von f wären dann $f^{-1}(U)$ und $f^{-1}(V)$ nichtleere, offene, disjunkte Mengen, die X überdecken, folglich X nicht zusammenhängend; Widerspruch. ∎

Erläuterung

Für den letzten Beweis beachten wir: $f^{-1}(\emptyset) = \emptyset$, $f^{-1}(U \cup V) = f^{-1}(U) \cup f^{-1}(V)$ und $f^{-1}(U \cap V) = f^{-1}(U) \cap f^{-1}(V)$.

Beispiel

Wir betrachten die bijektive, stetige Abbildung $f \colon [0, 2\pi[\to S^1$, $t \mapsto (\cos t, \sin t)$, welche eine Parametrisierung des Einheitskreises darstellt. Die Umkehrabbildung ist nicht stetig, denn sie ordnet jeder zusammenhängenden Bogenlinie, welche den Punkt $(1, 0)$ enthält (und nicht gerade die gesamte Kreislinie ist), eine nicht zusammenhängende Menge zu, s. Abb. 5.11.

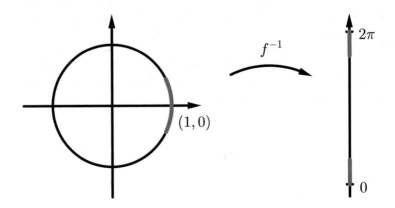

Abbildung 5.11: Die Umkehrabbildung von $f \colon [0, 2\pi[\to S^1$, $t \mapsto (\cos t, \sin t)$ ist nicht stetig.

Trennungseigenschaften

▶ **Definition**

Wir nennen einen topologischen Raum $(X, \mathcal{O})$

1. einen T_0-Raum, wenn für je zwei verschiedene Punkte aus X (mindestens) einer der Punkte stets eine Umgebung besitzt, die den anderen Punkt nicht enthält.

2. einen T_1-Raum, wenn je zwei verschiedene Punkte aus X stets Umgebungen besitzen, die den jeweils anderen Punkt nicht enthalten.

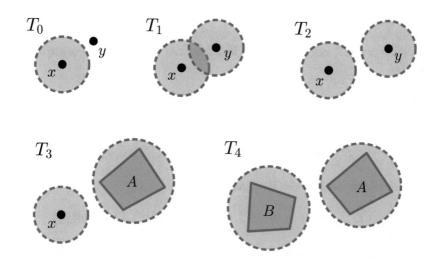

Abbildung 5.12: T_i-Räume; dabei sind x, $y \in X$ und A, $B \subseteq X$ abgeschlossen.

3. einen T_2-Raum, wenn je zwei verschiedene Punkte aus X stets disjunkte Umgebungen besitzen.

4. einen T_3-Raum, wenn jede abgeschlossene Menge $A \subseteq X$ und jeder Punkt $x \in X \setminus A$ disjunkte Umgebungen besitzen.

5. einen T_4-Raum, wenn je zwei disjunkte abgeschlossene Mengen stets disjunkte Umgebungen besitzen.   ◄

Erläuterung

Mit einer Umgebung U einer Teilmenge $A \subseteq X$ ist gemeint: U ist Umgebung jedes Punktes in A, oder äquivalent dazu: Es existiert eine offene Menge O mit $A \subseteq O \subseteq U$.

Erläuterung

In obigen Definitionen kann der Begriff „Umgebung" durch „offene Umgebung" ersetzt werden.

Erläuterung

T_2-Räume nennen wir auch Hausdorff-Räume. Jeder metrische oder metrisierbare Raum (z. B. ein diskreter Raum) ist bekanntlich Hausdorff'sch.

Erläuterung

Jeder T_2-Raum ist ein T_1-Raum, und jeder T_1-Raum ist ein T_0-Raum: $T_2 \Rightarrow T_1 \Rightarrow T_0$. Die Umkehrungen gelten im Allgemeinen nicht.

Erläuterung

Ein indiskreter Raum mit mehr als einem Punkt kann kein T_0-Raum, und somit auch nicht T_1 oder T_2 sein. Jedoch ist jeder indiskrete Raum ein T_3- und T_4-Raum.

Beispiel

Sei $X = \{1, 2, 3, 4\}$ mit Topologie

$$\mathcal{O} = \{\emptyset, \{1\}, \{1, 2\}, \{1, 3\}, \{1, 2, 3\}, \{1, 2, 3, 4\}\}.$$

Die abgeschlossenen Mengen sind gegeben durch

$$\{X \setminus O \mid O \in \mathcal{O}\} = \{\{1, 2, 3, 4\}, \{2, 3, 4\}, \{3, 4\}, \{2, 4\}, \{4\}, \emptyset\}.$$

Zwei abgeschlossene Mengen sind nur dann disjunkt, wenn eine der Mengen die leere Menge ist. Folglich ist X ein T_4-Raum. Jedoch besitzt der Punkt $x = 4$ nur die offene Umgebung $X = \{1, 2, 3, 4\}$, also ist X weder T_1-, T_2- noch T_3-Raum. Wir finden allerdings zu je zwei verschiedenen Punkten eine offene Umgebung, die den anderen Punkt nicht enthält; somit ist X ein T_0-Raum:

x	y	U
1	2	$\{1\}$
1	3	$\{1\}$
1	4	$\{1\}$
2	3	$\{1, 2\}$
2	4	$\{1, 2\}$
3	4	$\{1, 3\}$

■ **Satz**

Für alle $i \in \{0, 1, 2, 3, 4\}$ gilt: Jeder Unterraum eines T_i-Raumes ist ein T_i-Raum.

Beweis: Wir zeigen den Beweis für $i = 2$; die anderen Fälle funktionieren ähnlich. Sei also $(Y, \mathcal{O})$ ein T_2-Raum und $(X, \mathcal{O}_X)$ ein Unterraum von Y. Seien ferner $x, y \in X$ mit $x \neq y$. Da $(Y, \mathcal{O})$ Hausdorff'sch ist, gibt es jeweils eine offene Umgebung $U \in \mathcal{O}$ bzw. $V \in \mathcal{O}$ von x bzw. y mit $U \cap V = \emptyset$. Die Mengen $U' := U \cap X \in \mathcal{O}_X$ bzw. $V' := V \cap X \in \mathcal{O}_X$ sind offene Umgebungen von x bzw. y bzgl. der Teilraumtopologie von X. Für diese Umgebungen gilt

$$U' \cap V' = (U \cap X) \cap (V \cap X) = (U \cap V) \cap X = \emptyset \cap X = \emptyset.$$

Folglich ist $(X, \mathcal{O}_X)$ ein T_2-Raum.   ■

Ausblick

Der Begriff des Homöomorphismus tauchte auf den letzten Seiten immer wieder auf, er ist in gewisser Weise charakteristisch für das Gebiet der Topologie. Der zweite Teil des Wortes leitet sich aus dem griechischen Wort für Form ab, der wiederum bei vielen anderen Begriffen sinngebend ist, beispielsweise bei den Homomorphismen, bei denen eine algebraische Struktur erhalten wird – wie es hier bei uns für topologische der Fall war. Es gibt viele weitere spezielle Abbildungen, wie Diffeomorphismen, die jeweils ein mathematisches Teilgebiet charakterisieren.

Was wir hier behandelten, war genau genommen die Mengentheoretische Topologie. Es gibt jedoch weitere Teile innerhalb der Topologie, wie die Differenzialtopologie (hier tauchen gerade die Diffeomorphismen auf) und die Algebraische Topologie. Letztere macht intensiven Gebrauch von sog. Funktoren, die eine Korrespondenz zwischen topologischen Objekten und algebraischen Strukturen herstellen. Warum das? Weil es gut sein kann, dass das mit einem topologischen Raum assoziierte algebraische Problem leicht(er) lösbar ist und damit dann auch ein topologisches gelöst ist.

Der Begriff des Funktors wiederum ist wesentlicher Bestandteil der Kategorientheorie, die aufgrund ihrer weitreichenden Bedeutung inzwischen sogar in der populärwissenschaftlichen Literatur (versuchsweise) behandelt wird.

Selbsttest

I. Sei X eine Menge und $x \in X$. Welche der Aussagen sind wahr?

(1) Jede Menge $U \subseteq X$ mit $x \in U$ ist eine Umgebung von x bzgl. $\mathcal{O}_{\mathrm{ind}}$.

(2) X ist die einzige Umgebung von x bzgl. $\mathcal{O}_{\mathrm{ind}}$.

(3) Es gibt keine Umgebung von x bzgl. $\mathcal{O}_{\mathrm{ind}}$.

(4) Jede Menge $U \subseteq X$ mit $x \in U$ ist eine Umgebung von x bzgl. $\mathcal{O}_{\mathrm{dis}}$.

(5) X ist die einzige Umgebung von x bzgl. $\mathcal{O}_{\mathrm{dis}}$.

(6) Es gibt keine Umgebung von x bzgl. $\mathcal{O}_{\mathrm{dis}}$.

II. Sei K eine Teilmenge eines metrischen Raumes. Welche Aussagen sind äquivalent zur Kompaktheit von K?

(1) K ist abgeschlossen und beschränkt.

(2) Jede offene Überdeckung von K hat eine endliche Teilüberdeckung.

(3) K ist offen und abgeschlossen zugleich.

III. Sei $f : X \to Y$ stetig. Welche Aussagen gelten?

(1) Wenn $f(X)$ zusammenhängend ist, dann ist auch X zusammenhängend.

(2) Wenn X kompakt und f surjektiv ist, dann ist auch Y kompakt.

(3) Wenn f bijektiv ist, dann ist auch die Umkehrfunktion von f stetig.

IV. Der $\mathbb{R}^n$ mit der Standardtopologie ist ein

(1) T_0-Raum   (4) T_3-Raum

(2) T_1-Raum   (5) T_4-Raum

(3) T_2-Raum

6 Mannigfaltigkeiten

Einblick

Die Grundidee hinter Mannigfaltigkeiten, die in der modernen Mathematik und Physik unverzichtbar sind, ist schnell und einfach erklärt: Es handelt sich um mathematische Objekte, die lokal so aussehen wie der $\mathbb{R}^n$ (mit passendem n).

Stellen wir uns zur weiteren Veranschaulichung einen Ball mit glatter Oberfläche vor. Diese ist zweidimensional und gekrümmt. Wenn wir aber sehr, sehr nah an einen frei gewählten Punkt der Oberfläche des Balls kommen, dann sehen wir nur ein winziges Stückchen der Oberfläche, bei der dann nicht einmal die Krümmung auffällt – alles sieht so aus wie ein entsprechend kleines Stück des $\mathbb{R}^2$.

Lokal (im Allgemeinen nur dann) ist also alles so, wie wir es bereits aus vielen Untersuchungen kennen. Wenn etwas lokal eine gewisse Gestalt hat, muss das im Großen allerdings nicht so sein.

Bei den Mannigfaltigkeiten, die zuerst rein auf die topologischen Aspekte hin definiert werden, kommen wir dann auch zur Einbeziehung von differenzierbaren Strukturen – dies führt dann zu der Möglichkeit, Analysis auf Mannigfaltigkeiten zu betreiben.

Abzählbare und überabzählbare Mengen

▶ Definition

Eine Menge M nennen wir abzählbar, falls gilt:

1. Entweder enthält M nur endlich viele Elemente, oder

2. es existiert eine bijektive Abbildung $\phi\colon \mathbb{N} \to M$.

Beim zweiten Punkt nennen wir M auch abzählbar unendlich. Ist M nicht abzählbar, so heißt M überabzählbar. ◀

Beispiel

Offensichtlich ist $\mathbb{N}$ abzählbar.

© Springer-Verlag GmbH Deutschland, ein Teil von Springer Nature 2023
M. Scherfner und T. Volland, *Mathematik für das Bachelorstudium III*,
https://doi.org/10.1007/978-3-8274-2558-4_6

Beispiel

Die Menge der ganzen Zahlen ist abzählbar:

$$\phi(0) = 0,\ \phi(1) = 1,\ \phi(2) = -1,\ \phi(3) = 2,\ \phi(4) = -2, \dots$$

Erläuterung

Jede Teilmenge einer abzählbaren Menge ist abzählbar. Endliche Vereinigungen und Schnitte abzählbarer Mengen sind abzählbar. Jedes endliche kartesische Produkt abzählbarer Mengen ist wieder abzählbar. Letzteres können wir mithilfe des Cantor'schen Diagonalverfahrens einsehen:

Seien dazu A und B abzählbar unendlich und $\phi_A \colon \mathbb{N} \to A$ bzw. $\phi_B \colon \mathbb{N} \to B$ die entsprechenden bijektiven Abbildungen. Dann ist eine bijektive Abbildung $\phi_{A \times B} \colon \mathbb{N} \to A \times B$ durch folgendes Schema gegeben, wobei wir abkürzend $a_n := \phi_A(n)$ und $b_n := \phi_B(n)$ schreiben:

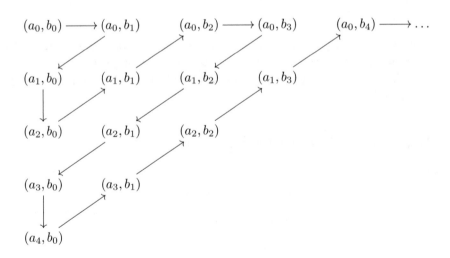

Beispiel

Die Menge der rationalen Zahlen ist abzählbar, denn jede rationale Zahl ist als Bruch (Tupel) einer ganzen und einer natürlichen Zahl größer 0 darstellbar. Das kartesische Produkt $\mathbb{Z} \times \mathbb{N} \setminus \{0\}$ ist nach den obigen Überlegungen abzählbar und beim Schema können wir Tupel überspringen, wenn wir die entsprechende rationale Zahl bereits erfasst haben, also wenn der Bruch kürzbar ist. Wenn wir uns nur auf positive rationale Zahlen beschränken, sähe das Schema folgendermaßen aus:

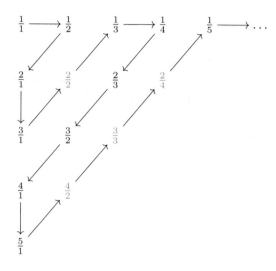

Beispiel

Die Menge der reellen Zahlen ist überabzählbar. Dies können wir beweisen, indem wir die Abzählbarkeit von $[0, 1[\subset \mathbb{R}$ zum Widerspruch führen. Angenommen, es gäbe eine surjektive Abbildung $\phi\colon \mathbb{N} \to [0, 1[$, $n \mapsto \phi_n$. Die Dezimaldarstellungen der Glieder dieser Folge seien gegeben durch

$$\phi_0 = 0, a_{00}\, a_{01}\, a_{02} \dots$$
$$\phi_1 = 0, a_{10}\, a_{11}\, a_{12} \dots$$
$$\phi_2 = 0, a_{20}\, a_{21}\, a_{22} \dots$$
$$\vdots$$

Wir betrachten nun die Zahl $x \in [0, 1[$ mit Dezimaldarstellung $x = 0, x_0\, x_1\, x_2 \dots$, wobei

$$x_i := \begin{cases} 5 & \text{falls } a_{ii} = 4, \\ 4 & \text{falls } a_{ii} \neq 4. \end{cases}$$

Die Zahl x kann nach Konstruktion keines der ϕ_i sein, denn es stimmt an $(i+1)$-ter Nachkommastelle nicht mit ϕ_i überein. Das ist ein Widerspruch zur Annahme, dass die ϕ_i das Intervall $[0, 1[$ ausschöpfen.

Topologische Mannigfaltigkeiten

▶ **Definition**

Eine Basis $(B_i)_{i \in I}$ einer Topologie heißt abzählbar, wenn die Indexmenge I abzählbar ist. ◀

Beispiel

Die Standardtopologie von $\mathbb{R}^n$ besitzt eine abzählbare Basis, nämlich die Menge aller Kugeln $K(x, r) \subset \mathbb{R}^n$ mit Mittelpunkt $x \in \mathbb{Q}^n$ und Radius $r \in \mathbb{Q}$, $r > 0$. Gleiches gilt für den Raum $\mathbb{C}^n$, der homöomorph zu $\mathbb{R}^{2n}$ ist. Entsprechend können auch alle Teilräume von $\mathbb{R}^n$ oder $\mathbb{C}^n$ durch eine abzählbare Basis dargestellt werden. Es gibt metrische Räume, für die keine abzählbare Basis existiert, wie beispielsweise $\mathbb{R}$ mit diskreter Metrik/Topologie.

▶ **Definition**

Sei $(X, \mathcal{O})$ ein topologischer Raum und $n \in \mathbb{N}$. Wir nennen $(X, \mathcal{O})$ lokal homöomorph zu $\mathbb{R}^n$, falls es für jeden Punkt $x \in X$ eine offene Umgebung U von x und eine offene Teilmenge $W \subseteq \mathbb{R}^n$ gibt, sodass U und W als Teilräume homöomorph sind.   ◀

Beispiel

Ist $\mathcal{O}$ eine Topologie, dann ist $(\mathbb{R}^n, \mathcal{O})$ offensichtlich lokal homöomorph zu $(\mathbb{R}^n, \mathcal{O})$.

Beispiel

Jeder diskrete Raum $(X, \mathcal{O}_{\text{dis}})$ ist lokal homöomorph zu $\mathbb{R}^0 := \{0\}$, denn für alle $x \in X$ ist $\{x\} \subseteq X$ eine offene Umgebung von x, welche vermöge der trivialen Abbildung $x \mapsto 0$ homöomorph zu $\{0\}$ ist.

Beispiel

Die Kreislinie $S^1 = \{z \in \mathbb{C} \mid |z| = 1\}$ ist lokal homöomorph zu $\mathbb{R}$. Wir betrachten hierzu die beiden Mengen $Z_+ = S^1 \setminus \{i\}$ und $Z_- = S^1 \setminus \{-i\}$, welche eine offene Überdeckung von S^1 darstellen. Die Abbildungen

$$h_+ : Z_+ \to \mathbb{R}, \, h_+(x + iy) = \frac{x}{1 - y}$$

und

$$h_- : Z_- \to \mathbb{R}, \, h_-(x + iy) = \frac{x}{1 + y}$$

sind Homöomorphismen.

▶ **Definition**

Sei $(M, \mathcal{O})$ ein topologischer Raum und $n \in \mathbb{N}$. Wir nennen $(M, \mathcal{O})$ eine topologische Mannigfaltigkeit (der Dimension $\dim M := n$), wenn die folgenden Bedingungen erfüllt sind:

1. $(M, \mathcal{O})$ ist lokal homöomorph zu $\mathbb{R}^n$.

2. $(M, \mathcal{O})$ ist Hausdorff'sch.

3. Es existiert eine abzählbare Basis von $\mathcal{O}$.   ◀

Beispiel

Im letzten Beispiel haben wir gesehen, dass die Kreislinie $S^1 = \{z \in \mathbb{C} \mid |z| = 1\}$ lokal homöomorph zu $\mathbb{R}$ ist. Als Unterraum von $\mathbb{C}$ ist S^1 Hausdorff'sch und besitzt eine abzählbare Basis der Topologie. Folglich ist S^1 eine topologische Mannigfaltigkeit mit $\dim S^1 = 1$.

Beispiel

Wir geben nun ein Beispiel für einen Raum an, der lokal homöomorph zu $\mathbb{R}$, jedoch nicht Hausdorff'sch ist. Hierzu betrachten wir $X = \mathbb{R} \cup \{*\}$, wobei $* \notin \mathbb{R}$, und definieren eine Topologie auf X über die folgende Basis:

$$B := \mathcal{O}_\mathbb{R} \cup \big\{U \subseteq X \mid U = (O \setminus \{0\}) \cup \{*\} \text{ wobei } O \in \mathcal{O}_\mathbb{R} \text{ mit } 0 \in O\big\},$$

wobei $\mathcal{O}_\mathbb{R}$ weiterhin die Standardtopologie auf $\mathbb{R}$ ist. Wir betrachten also die Standardtopologie zuzüglich aller offenen Mengen, die entstehen, indem wir die offenen Mengen um Null betrachten, in diesen jedoch die Null durch den „fremden" Punkt $*$ ersetzen. Sei nun $x_0 \in X$. Wenn $x_0 \neq *$ gilt, ist $\mathbb{R}$ als Umgebung von x_0 trivialerweise homöomorph zu $\mathbb{R}$. Wenn $x_0 = *$ gilt, so haben wir mit $(\mathbb{R} \setminus \{0\}) \cup \{*\}$ eine Umgebung von x_0, für die der folgende Homöomorphismus auf $\mathbb{R}$ existiert:

$$h(x) = \begin{cases} x & \text{für } x \neq *, \\ 0 & \text{für } x = *. \end{cases}$$

Allerdings ist X kein T_2-Raum, denn die Umgebungen von $*$ und 0 haben stets nichtleeren Schnitt.

Karten und Atlanten

▶ **Definition**

Seien M eine topologische Mannigfaltigkeit, $U \subseteq M$ und $W \subseteq \mathbb{R}^n$ offene Teilmengen sowie $\phi \colon U \to W$ ein Homöomorphismus. Dann nennen wir U ein Kartengebiet (auf M), ϕ eine Kartenabbildung und das Paar (U, ϕ) eine Karte. ◀

Beispiel

Im Beispiel zur Kreislinie im letzten Kapitel sind Z_+ und Z_- Kartengebiete auf S^1, h_+ und h_- sind Kartenabbildungen. Die Paare (Z_+, h_+) und (Z_-, h_-) sind entsprechend Karten.

▶ **Definition**

Sei M eine topologische Mannigfaltigkeit. Eine Familie von Karten $(U_i, \phi_i)_{i \in I}$ auf M heißt Atlas (auf M), falls die Kartengebiete M überdecken:

$$\bigcup_{i \in I} U_i = M \qquad\qquad ◀$$

Beispiel

Die Karten (Z_+, h_+) und (Z_-, h_-) stellen zusammen einen Atlas für S^1 dar: $Z_+ \cup Z_- = S^1$.

Beispiel

Jede abzählbare Menge M mit diskreter Topologie ist eine topologische Mannigfaltigkeit der Dimension 0; $(\{x\}, \phi_x)_{x \in M}$ mit $\phi_x(x) = 0$ ist ein Atlas auf M.

Beispiel

Jede offene Teilmenge U von $\mathbb{R}^n$ ist eine topologische Mannigfaltigkeit der Dimension n; (U, id_U) ist ein Atlas auf U (bestehend aus einer Karte).

Verträglichkeit von Karten und Atlanten

▶ **Definition**

Sei $k \in \mathbb{N}$. Wir nennen eine Abbildung $f \colon \mathbb{R}^m \overset{\circ}{\supseteq} U \to V \overset{\circ}{\subseteq} \mathbb{R}^n$ eine C^k-Abbildung, wenn für jede Komponentenfunktion alle partiellen Ableitungen bis einschließlich der k-ten Ordnung existieren und stetig sind.

Wir nennen f eine C^∞-Abbildung oder auch glatte Abbildung, wenn die partiellen Ableitungen in beliebiger Ordnung existieren und stetig sind.   ◀

Erläuterung

Jede C^k-Abbildung ist auch eine C^l-Abbildung, falls $l < k$ $(k, l \in \mathbb{N} \cup \{\infty\})$.

▶ **Definition**

Sei $k \in \mathbb{N} \cup \{\infty\}$. Wir nennen zwei Karten (U_1, h_1) und (U_2, h_2) einer topologischen Mannigfaltigkeit C^k-verträglich, falls die sog. Kartenwechsel

$$h_1 \circ h_2^{-1} \colon h_2(U_1 \cap U_2) \to h_1(U_1 \cap U_2),$$
$$h_2 \circ h_1^{-1} \colon h_1(U_1 \cap U_2) \to h_2(U_1 \cap U_2)$$

Abbildungen von der Klasse C^k sind (oder $U_1 \cap U_2 = \emptyset$ gilt).   ◀

Erläuterung

Der Fall $U_1 \cap U_2 = \emptyset$ muss eigentlich nicht gesondert betrachtet werden: Falls sich die Kartengebiete nicht überlappen, ist der Kartenwechsel die leere Abbildung $\emptyset \to \emptyset$ – und diese ist trivialerweise glatt.

▶ **Definition**

Ein C^k-Atlas ist ein Atlas, bei dem je zwei Karten stets C^k-verträglich sind. Zwei Atlanten heißen C^k-verträglich, falls ihre Karten paarweise C^k-verträglich sind.   ◀

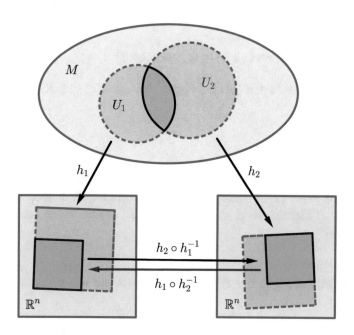

Beispiel

Wir betrachten erneut den Atlas auf $S^1 = \{z \in \mathbb{C} \mid |z| = 1\}$, bestehend aus den beiden Karten

$$h_+ : S^1 \setminus \{i\} \to \mathbb{R}, h_+(x + iy) = \frac{x}{1-y},$$

$$h_- : S^1 \setminus \{-i\} \to \mathbb{R}, h_-(x + iy) = \frac{x}{1+y}.$$

Die entsprechenden Umkehrabbildungen sind gegeben durch

$$h_+^{-1} : \mathbb{R} \to S^1 \setminus \{i\}, h_+^{-1}(x) = \frac{2x}{1+x^2} + i\frac{-1+x^2}{1+x^2},$$

$$h_-^{-1} : \mathbb{R} \to S^1 \setminus \{-i\}, h_-^{-1}(x) = \frac{2x}{1+x^2} - i\frac{-1+x^2}{1+x^2}.$$

Dieser Atlas ist ein C^∞-Atlas: Der Kartenwechsel ist gegeben durch die glatte Abbildung

$$h_+ \circ h_-^{-1} = h_- \circ h_+^{-1} : \mathbb{R} \setminus \{0\} \to \mathbb{R} \setminus \{0\}, \, x \mapsto \frac{1}{x}.$$

Äquivalenzrelationen und -klassen

▶ **Definition**

Sei X eine Menge. Dann nennen wir eine Teilmenge $R \subseteq X \times X$ eine Relation auf X. Insbesondere heißt R Äquivalenzrelation, falls für alle $x, y, z \in X$ gilt:

1. $(x, x) \in R$ (Reflexivität).

2. $(x, y) \in R$ impliziert $(y, x) \in R$ (Symmetrie).

3. Wenn $(x, y) \in R$ und $(y, z) \in R$ gilt, dann gilt $(x, z) \in R$ (Transitivität).

◀

Erläuterung
Es besteht die Gefahr zu glauben, dass die Reflexivität aus Symmetrie und Transitivität folgt: $(x, y) \in R \wedge (y, x) \in R \Rightarrow (x, x) \in R$. Jedoch ist bei gegebenem $x \in R$ nicht a priori sichergestellt, dass es überhaupt ein $y \in X$ mit $(x, y) \in R$ gibt.

Erläuterung
Wir schreiben bei gegebener Relation $R \subseteq X \times X$ für alle $x, y \in X$ auch:

$$x \sim_R y :\Leftrightarrow (x, y) \in R.$$

Das Symbol $\sim_R$ bezeichnen wir dann auch als Relation und kürzen es mit $\sim$ ab, wenn keine Missverständnisse möglich sind.

▶ Definition
Sei X eine Menge, R eine Äquivalenzrelation auf X und $a \in X$. Dann heißt

$$[a]_R := \{x \in X \mid a \sim_R x\} \subseteq X$$

die Äquivalenzklasse von a (bzgl. $\sim_R$ oder R). Bei gegebener Äquivalenzklasse nennen wir umgekehrt a einen Repräsentanten dieser Klasse.   ◀

Beispiel
Sei X eine Menge. Dann ist die sog. Diagonale auf X eine Äquivalenzrelation: $R = \{(x, x) \mid x \in X\} \subseteq X \times X$. Tatsächlich ist dies einfach die Gleichheitsrelation auf X: $x \sim_R y \Leftrightarrow x = y$. Die Äquivalenzklassen sind genau die einpunktigen Mengen der Form $\{x\} \subseteq X$.

Beispiel
Sei $\sim$ die Relation auf der Menge der Zauberschüler von Hogwarts

$$x \sim y \Leftrightarrow x \text{ und } y \text{ haben dasselbe Geburtsdatum.}$$

Dies ist eine Äquivalenzrelation, und die Äquivalenzklassen fassen immer jene Zauberschüler zu einer Menge zusammen, die dasselbe Geburtsdatum haben.

Erläuterung

Bei gegebener Äquivalenzrelation $\sim$ auf einer Menge X haben wir die wichtige
Eigenschaft

$$x \sim y \Rightarrow [x] = [y] \text{ für alle } x, y \in X.$$

Dies ergibt sich mit der Voraussetzung $x \sim y$ aus der Transitivität und Symmetrie:

$$z \in [x] \Leftrightarrow x \sim z \Leftrightarrow y \sim z \Leftrightarrow z \in [y].$$

Es ist nicht so schwierig, hieraus wiederum zu folgern: Die Äquivalenzklassen
sind stets paarweise disjunkt und überdecken X, d. h. es gilt für alle $x, y \in X$

$$[x] \neq [y] \Rightarrow [x] \cap [y] = \emptyset$$

sowie

$$\bigcup_{x \in X} [x] = X.$$

Letzteres ergibt sich sofort aus der Reflektivität.

■ Satz

Die Verträglichkeit von C^k-Atlanten ist eine Äquivalenzrelation.

Beweis: Gegenstand der Behauptung ist genauer die auf der Menge der C^k-
Atlanten definierte Relation

$$\mathcal{A} \sim \mathcal{B} :\Leftrightarrow \mathcal{A} \text{ ist } C^k\text{-verträglich mit } \mathcal{B}.$$

Die Reflexivität ist nach Definition eines C^k-Atlasses gegeben. Die Symmetrie
ist sofort aus der Definition von Verträglichkeit ersichtlich (und macht auch die
Sprechweise „zwei Atlanten sind verträglich" überhaupt erst sinnvoll).

Zur Transitivität: Die Atlanten $\mathcal{A}$ und $\mathcal{B}$ seien verträglich, und die Atlanten $\mathcal{B}$ und $\mathcal{C}$ seien verträglich. Sei (V, g) eine beliebige Karte aus dem Atlas $\mathcal{A}$ und (W, h) aus $\mathcal{C}$. Der Atlas $\mathcal{B} = ((U_i, \phi_i))_{i \in I}$ überdeckt die Mannigfaltigkeit und insbesondere $V \cap W$, sodass $\bigcup_{i \in I}(V \cap U_i \cap W) = V \cap W$.
Jede der auf $h(V \cap U_i \cap W)$ bzw. $g(V \cap U_i \cap W)$ definierten Abbildungen
$(g \circ \phi_i^{-1}) \circ (\phi_i \circ h^{-1}) = g \circ h^{-1}$ bzw. $(h \circ \phi_i^{-1}) \circ (\phi_i \circ g^{-1}) = h \circ g^{-1}$ ist eine
C^k-Abbildung, da sie eine Komposition von C^k-Abbildungen ist. Durch Ver-
einigen der Definitionsbereiche ergibt sich, dass $g \circ h^{-1}$ und $h \circ g^{-1}$ auch auf
ihren maximalen Definitionsbereichen $h(V \cap W)$ bzw. $g(V \cap W)$ von der Klasse
C^k sind.   ■

Differenzierbare Mannigfaltigkeiten

▶ **Definition**

Sei $k \in \mathbb{N} \cup \{\infty\}$. Eine C^k-Mannigfaltigkeit ist eine topologische Mannigfaltigkeit M zusammen mit einer Äquivalenzklasse C^k-verträglicher C^k-Atlanten. Diese Äquivalenzklasse wird differenzierbare Struktur der Mannigfaltigkeit genannt. Eine C^∞-Mannigfaltigkeit nennen wir auch glatte Mannigfaltigkeit.   ◀

Beispiel

$\mathbb{R}^n$ ist zusammen mit der vom C^∞-Atlas $(\mathbb{R}^n, \mathrm{id}_{\mathbb{R}^n})$ repräsentierten Äquivalenzklasse von Atlanten eine glatte Mannigfaltigkeit (der Dimension n).

Beispiel

Die Kreislinie S^1 kann auf bekannte Weise mit einem C^∞-Atlas versehen und zu einer glatten Mannigfaltigkeit gemacht werden. Dieser Atlas besteht aus zwei Karten. Kann es auch einen mit nur einer Karte geben (für die ja dann das Kartengebiet ganz S^1 sein muss)? Nein, denn S^1 ist eine kompakte Teilmenge von $\mathbb{C}$, und das Bild von S^1 unter einem Homöomorphismus muss beschränkt und abgeschlossen sein. Die nichtleeren offenen und beschränkten Teilmengen von $\mathbb{R}$ sind jedoch nicht abgeschlossen. Aber die einzigen Mengen in $\mathbb{R}$ mit der Standardtopologie, die zugleich offen und abgeschlossen sind, sind die leere Menge und $\mathbb{R}$ selbst.

Beispiel

Kann $M := \{(x_1, x_2) \in \mathbb{R}^2 \mid |x_1| = |x_2|\}$ mit einer Karte überdeckt werden?

Erläuterung

Die Frage, wie viele verschiedene (glatte) differenzierbare Strukturen eine gegebene topologische Mannigfaltigkeit hat, ist oft schwierig zu beantworten. Auf der Mannigfaltigkeit $\mathbb{R}^n$ gibt es nur die Standardstruktur, falls $n \neq 4$ gilt – auf $\mathbb{R}^4$ hingegen gibt es überabzählbar viele verschiedene differenzierbare Strukturen. Es gibt sogar vierdimensionale topologische Mannigfaltigkeiten, für die gar keine differenzierbare Struktur existiert.

Eine n-Sphäre $S^n := \{x \in \mathbb{R}^{n+1} \mid \|x\| = 1\}$ besitzt die folgende Anzahl differenzierbarer Strukturen für $n \leq 16$:

n	1	2	3	4	5	6	7	8	9	10	11	12	13	...
Anz.	1	1	1	≥ 1	1	1	28	2	8	6	992	1	3	...

Eine n-Sphäre besitzt immer wenigstens die eine, z. B. durch stereografische Projektionen als Karten gegebene, Standardstruktur. Wie viele differenzierbare Strukturen es auf der 4-Sphäre gibt, ist bisher unbekannt.

Erläuterung

In der Einstein'schen Gravitationstheorie werden Raum und Zeit als eine 4-dimensionale differenzierbare Mannigfaltigkeit beschrieben. Daher ist die Existenz der ausgerechnet in Dimension 4 so zahlreichen „exotischen" differenzierbaren Strukturen auch für die Physik nicht bedeutungslos.

Erläuterung

Wenn nichts anderes gesagt wird, werden wir uns im Folgenden ausschließlich mit glatten Mannigfaltigkeiten befassen und diese kurz Mannigfaltigkeiten nennen.

Diffeomorphismen

▶ **Definition**

Seien M, N Mannigfaltigkeiten mit $\dim M = m$, $\dim N = n$ und $f\colon M \to N$ eine Abbildung. Wir nennen f differenzierbar, falls für alle Karten (U_M, h_M) von M und (U_N, h_N) von N mit $f(U_M) \subseteq U_N$ gilt: Die Abbildung

$$h_N \circ f \circ h_M^{-1}\colon \mathbb{R}^m \overset{\circ}{\supseteq} h_M(U_M) \to \mathbb{R}^n$$

ist (im bereits bekannten Sinne) differenzierbar. Abbildungen von der Klasse C^k werden analog definiert. ◀

Erläuterung

Es genügt, wenn f bzgl. jeweils eines Atlasses der differenzierbaren Strukturen von M und N differenzierbar ist, da die Kartenwechsel glatt sind.

▶ **Definition**

Eine bijektive Abbildung $f\colon M \to N$ zwischen Mannigfaltigkeiten heißt Diffeomorphismus, wenn sowohl f als auch ihre Umkehrabbildung f^{-1} glatt sind. Wenn ein solcher Diffeomorphismus existiert, nennen wir M und N diffeomorph. ◀

Erläuterung

Ein Homöomorphismus oder eine glatte, bijektive Abbildung ist nicht zwangsläufig auch ein Diffeomorphismus. Beispielsweise ist die Umkehrabbildung der glatten Funktion $f\colon \mathbb{R} \to \mathbb{R}$, $f(x) = x^3$ zwar stetig, jedoch nicht differenzierbar.

Erläuterung

Es gibt Mannigfaltigkeiten, die homöomorph aber nicht diffeomorph sind.

Erläuterung

Diffeomorphe Mannigfaltigkeiten haben stets dieselbe Dimension.

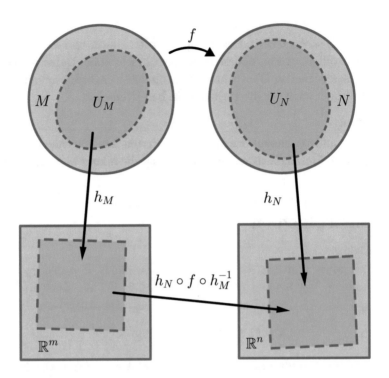

Ausblick

Nun ist bekannt, was Mannigfaltigkeiten in ihren verschiedenen Ausprägungen sind. Nachfolgend werden wir nun etwas mit und auf diesen Entitäten machen.

Wir haben mit Ihnen eine schöne Erweiterung dessen gefunden, was wir bereits kennen, allerdings ist (zum Glück) im Kleinen alles wie zuvor. Auch stellten wir fest, dass ein sehr vertrautes Objekt wie der $\mathbb{R}^n$ nicht einfach nur eine Menge ist und dieser die Struktur eines Vektorraums tragen kann – es handelt sich bei ihm bei geeigneter Betrachtung auch um eine Mannigfaltigkeit, was ganz neue Möglichkeiten eröffnet.

Denken wir in der Mathematik an Mannigfaltigkeiten, so begegnen wir schnell weiteren ihrer Teilgebiete, wie der Differenzialgeometrie, die sich neben anderen Dingen um die Krümmung von Kurven und Flächen – dann auch allgemeineren Mannigfaltigkeiten – kümmert. Sie ist nicht nur für Untersuchungen der Raum-Zeit bedeutungsvoll, sondern auch bei der Landvermessung (die viel zu ihrer Entstehung beigetragen hat).

Wir machen viele Andeutungen, die teilweise für etwas Verzweiflung sorgen könnten, denn jeder kleine Garten der Mathematik hat offenbar ein Türchen im Zaun, das zu einem neuen Biotop führt, dieses dann wieder... Betrachten wir jedoch unser Unterfangen als eine Abenteuerreise mit vielen Attraktionen, dann weicht eine eventuelle Furcht sicherlich der Begeisterung.

Selbsttest

I. Welche der folgenden Mengen sind abzählbar unendlich?

(1) $\mathbb{N} \times \{1, 2, 3, 4\}$

(2) $\mathbb{Q}^n$

(3) $\mathbb{R}^n$

(4)   Die Menge aller Folgen mit Werten in $\mathbb{Z}$

II. Welche der folgenden Relationen definieren Äquivalenzrelationen auf $\mathbb{C}$? Seien dazu stets x, $y \in \mathbb{C}$.

(1) $x \sim y \Leftrightarrow x = 2y$ (5) $x \sim y \Leftrightarrow xy \in \mathbb{R}$

(2) $x \sim y \Leftrightarrow |x| = |y|$ (6) $x \sim y \Leftrightarrow x\bar{y} \in \mathbb{R}$

(3) $x \sim y \Leftrightarrow |x| < |y|$ (7) $x \sim y \Leftrightarrow x + \bar{y} \in \mathbb{R}$

(4) $x \sim y \Leftrightarrow |x| \leq |y|$ (8) $x \sim y$ für alle x, $y \in \mathbb{C}$

III. Welche Aussagen treffen zu?

(1)   Jede differenzierbare Mannigfaltigkeit ist auch eine topologische Mannigfaltigkeit.

(2)   Zwei Mannigfaltigkeiten der selben Dimension sind diffeomorph.

(3)   Die Verträglichkeit von C^k-Atlanten einer Mannigfaltigkeit ist eine Äquivalenzrelation.

7 Tangential-, Dual- und Tensorräume

Einblick

Wir kennen seit langer Zeit den Begriff der Tangente an einen Punkt eines Funktionsgraphen. Nun stellen wir uns eine Kugel vor und betrachten einen Punkt auf ihrer Oberfläche, sagen wir den Nordpol. Auf diesen können wir nun vorsichtig ein (unendlich dünnes) Brettchen mit seinem Schwerpunkt legen. Dann haben wir eine sog. Tangentialebene am Nordpol veranschaulicht. (Natürlich ist das nicht wirklich eine Ebene, so wie die von uns gezeichneten Tangenten keine wirklichen Tangenten waren – aber das Zeichnen, oder Vorstellen, einer unendlichen Ausdehnung ist nun einmal nicht möglich.)

Mit zwei Dimensionen ist es allerdings meist nicht getan, sondern wir können die gerade beschriebene Idee auch auf mehr Dimensionen ausweiten; machen wir dies, so gelangen wir zu den allgemeinen Tangentialräumen.

In der Folge wird es etwas wild. Wir betrachten nämlich z. B. zu reellen Vektorräumen Abbildungen von diesen in die reellen Zahlen; dadurch erhalten wir zugehörige Dualräume. Dann können wir spezielle Abbildungen betrachten, die vom kartesischen Produkt eines Dualraumes mit seinem assoziierten Vektorraum in die reellen Zahlen führen – nun haben wir einen Tensor geschaffen.

War das nötig? Ja, denn Tensoren verallgemeinern vieles, was wir bereits kennen. So stellt sich heraus, dass die vertrauten Determinanten Tensoren sind (es traute sich nur keiner, das auszusprechen...).

Tangentialräume

▶ **Definition**

Sei $\mathcal{F}(M)$ der $\mathbb{R}$-Vektorraum aller reellwertigen glatten Funktionen auf M, sei M eine Mannigfaltigkeit und $p \in M$. Ein Tangentialvektor an p ist eine Abbildung $v \colon \mathcal{F}(M) \to \mathbb{R}$ mit den folgenden Eigenschaften:

1. Die Abbildung v ist linear, es gilt also für alle $f, g \in \mathcal{F}(M)$ und $\lambda \in \mathbb{R}$:

$$v(f + g) = v(f) + v(g), \quad v(\lambda f) = \lambda v(f)$$

2. Für alle $f, g \in \mathcal{F}(M)$ gilt die Produktregel:

$$v(f \cdot g) = v(f) \cdot g(p) + f(p) \cdot v(g) \qquad \blacktriangleleft$$

© Springer-Verlag GmbH Deutschland, ein Teil von Springer Nature 2023
M. Scherfner und T. Volland, *Mathematik für das Bachelorstudium III*,
https://doi.org/10.1007/978-3-8274-2558-4_7

Beispiel

Wir betrachten mit $M = \mathbb{R}$ die reellen Zahlen als eindimensionale Mannigfaltigkeit. Dann ist für $p \in \mathbb{R}$ die Abbildung $v \colon \mathcal{F}(\mathbb{R}) \to \mathbb{R}$, $v(f) = f'(p)$ ein Tangentialvektor an p.

Beispiel

Wir betrachten mit $M = \mathbb{R}^2$ die Ebene als zweidimensionale Mannigfaltigkeit. Dann ist für $p = (x, y) \in \mathbb{R}$ die Abbildung $v \colon \mathcal{F}(\mathbb{R}^2) \to \mathbb{R}$, $v(f) = \frac{\partial f}{\partial x}(p)$ ein Tangentialvektor an p.

Erläuterung

Im letzten Beispiel sehen wir (wie in dem davor auch) sofort, dass v die Bedingungen für Tangentialvektoren aus der Definition erfüllt. Von diesen Bedingungen ist uns aber bereits lange bekannt, dass sie charakteristisch sind für Ableitungen; also ist es nicht überraschend, dass Ableitungen (natürlich auch partielle) geeignete Vertreter sind.

Nehmen wir nun konkret das zweite Beispiel, so ist die Anschauung sogleich vertraut: Wir betrachten Funktionen auf M und nehmen die partielle Ableitung, hier in die Richtung der x-Achse am Punkt p und erhalten gerade etwas tangential zu f an dieser Stelle.

Erläuterung

Wir gehen hier der Sache noch weiter auf den Grund: Die wesentliche Eigenschaft von Tangentialvektoren ist es eine Richtung anzugeben, entlang derer wir Funktionen aus $\mathcal{F}(M)$ auf der Mannigfaltigkeit ableiten können.

Bei beispielsweise im $\mathbb{R}^3$ eingebetteten Flächen (wir denken an einen schwebenden Lappen im Dreidimensionalen) ist das anschaulich der Unterschied zu Nicht-Tangentialvektoren. Diese Eigenschaft wird dann auf Mannigfaltigkeiten übertragen, indem wir definieren, dass Tangentialvektoren auf Funktionen auf M wirken und neben der Linearität die Produktregel aus der Definition erfüllen.

▶ Definition

Sei M eine Mannigfaltigkeit und $p \in M$. Die Menge aller Tangentialvektoren an p heißt Tangentialraum (an M in p), kurz: $T_p M$.   ◀

■ Satz

Der Tangentialraum ist zusammen mit der üblichen Multiplikation mit Skalaren sowie Addition ein $\mathbb{R}$-Vektorraum.

Beweis: Sei also M eine Mannigfaltigkeit, $p \in M$ und $v, w \in T_p M$; ferner $\lambda \in \mathbb{R}$ und $f, g \in \mathcal{F}(M)$. Mit üblicher Multiplikation/Addition ist die punktweise gemeint:

$$(v+w)(f) := v(f) + w(f),$$
$$(\lambda v)(f) := \lambda v(f).$$

Es genügt, die Abgeschlossenheit zu zeigen. Tangentialvektoren sind zunächst lineare Abbildungen, und Summen und skalare Vielfache von linearen Abbildungen sind stets wieder linear. Die Produktregel ist ebenfalls für Summen und skalare Vielfache von Tangentialvektoren wieder erfüllt:

$$\begin{aligned}
(v+w)(f \cdot g) &= v(f \cdot g) + w(f \cdot g) \\
&= v(f) \cdot g(p) + f(p) \cdot v(g) + w(f) \cdot g(p) + f(p) \cdot w(g) \\
&= (v(f) + w(f)) \cdot g(p) + f(p) \cdot (v(g) + w(g)) \\
&= (v+w)(f) \cdot g(p) + f(p) \cdot (v+w)(g), \\
(\lambda v)(f \cdot g) &= \lambda v(f \cdot g) \\
&= \lambda(v(f) \cdot g(p) + f(p) \cdot v(g)) \\
&= (\lambda v)(f) \cdot g(p) + f(p) \cdot (\lambda v)(g).
\end{aligned}$$
∎

Koordinatenbasen

■ Satz

Sei M eine n-dimensionale Mannigfaltigkeit, $p \in M$ und (U, h) eine Karte mit $p \in U$. Darüber hinaus seien die Abbildungen $b_1|_p, \ldots, b_n|_p \colon \mathcal{F}(M) \to \mathbb{R}$ mit

$$b_i|_p(f) := \frac{\partial(f \circ h^{-1})}{\partial x_i}(h(p))$$

gegeben. Dann ist $(b_1|_p, \ldots, b_n|_p)$ eine Basis von T_pM, die sog. Koordinatenbasis im Punkt p bzgl. der Karte (U, h).

Beweis: Der Einfachheit halber lassen wir den Fußpunkt p im Folgenden fort: $b_i = b_i|_p$. Als erstes müssen wir nachweisen, dass die b_i tatsächlich Tangentialvektoren sind. Zunächst einmal sind die b_i lineare Abbildungen; wie wir dies nachweisen, haben wir nun schon oft gesehen. Darüber hinaus genügen sie der Produktregel ($f, g \in \mathcal{F}(M)$):

$$\begin{aligned}
b_i(f \cdot g) &= \frac{\partial((f \cdot g) \circ h^{-1})}{\partial x_i}(h(p)) \\
&= \frac{\partial((f \circ h^{-1}) \cdot (g \circ h^{-1}))}{\partial x_i}(h(p)) \\
&= \frac{\partial(f \circ h^{-1})}{\partial x_i}(h(p)) \cdot (g \circ h^{-1})(h(p))
\end{aligned}$$

$$+ (f \circ h^{-1})(h(p)) \cdot \frac{\partial (g \circ h^{-1})}{\partial x_i}(h(p))$$

$$= \frac{\partial (f \circ h^{-1})}{\partial x_i}(h(p)) \cdot g(p) + f(p) \cdot \frac{\partial (g \circ h^{-1})}{\partial x_i}(h(p))$$

$$= b_i(f)g(p) + f(p)b_i(g).$$

Folglich sind die b_i tatsächlich Tangentialvektoren im Punkt p.

Als nächstes wollen wir zeigen, dass $(b_1, \ldots, b_n)$ ein Erzeugendensystem von $T_p M$ ist. Zunächst einmal gilt für jeden Tangentialvektor v in p, dass $v(f) = v(g)$, falls die Funktionen f und g auf einer Umgebung von p übereinstimmen. Es gilt mithilfe der Linearität:

$$v(f) = v(g) \quad \Leftrightarrow \quad v(f) - v(g) = 0 \quad \Leftrightarrow \quad v(f - g) = 0$$

Nun genügt es nachzuweisen, dass für $\psi := f - g$ gilt: $v(\psi) = 0$, wenn ψ auf einer Umgebung U von p verschwindet. Sei also $\psi(u) = 0$ für alle $u \in U$ sowie ϕ eine beliebige Funktion mit $\phi(p) = 1$, welche außerhalb von U verschwindet. Dann gilt $\psi\phi = 0$ auf ganz M, sodass

$$0 = v(\psi\phi) = v(\psi)\phi(p) + \psi(p)v(\phi) = v(\psi) \cdot 1 + 0 \cdot v(\phi) = v(\psi).$$

Es genügt bei der Untersuchung von Tangentialvektoren also immer, ein Kartengebiet $U \ni p$ zu betrachten. Darüber hinaus können wir o. B. d. A. annehmen, dass $h(p) = 0$ und $h(U) = \{x \in \mathbb{R}^n \mid \|x\| < \varepsilon\}$ für ein $\varepsilon > 0$. (Wir können das Kartengebiet ggf. entsprechend verkleinern und $h(U)$ verschieben; die so entstehende Karte ist verträglich.)

Wir definieren nun für jede glatte Funktion $\xi \colon h(U) \to \mathbb{R}$ und $i \in \{1, \ldots, n\}$:

$$\xi^{(i)}(x) = \int_0^1 \frac{\partial \xi}{\partial x_i}(tx)\, dt$$

für $x = (x_1, \ldots, x_n) \in h(U)$. Offensichtlich gilt insbesondere im Ursprung $x = h(p) = 0$:

$$\xi^{(i)}(0) = \frac{\partial \xi}{\partial x_i}(0).$$

Außerdem gilt nach dem Hauptsatz der Differenzial- und Integralrechnung sowie der Kettenregel:

$$\xi(1 \cdot x) - \xi(0 \cdot x) = \int_0^1 \frac{d}{dt}(\xi(tx))\, dt$$

$$= \int_0^1 \sum_{k=1}^n x_k \frac{\partial \xi}{\partial x_k}(tx)\, dt$$

$$= \sum_{k=1}^n x_k \xi^{(k)}(x),$$

also

$$\xi(x) = \xi(0) + \sum_{k=1}^{n} x_k \xi^{(k)}(x).$$

Setzen wir hier $\xi = f \circ h^{-1}$ mit $f \in \mathcal{F}(M)$ ein, ergibt sich

$$(f \circ h^{-1})(x) = (f \circ h^{-1})(0) + \sum_{k=1}^{n} x_k (f \circ h^{-1})^{(k)}(x),$$

oder mit $x = h(u) = (h_1(u), \ldots, h_n(u))$, $u \in U$:

$$f(u) = f(p) + \sum_{k=1}^{n} h_k(u) \cdot (f \circ h^{-1})^{(k)}(h(u)).$$

Wir sehen, analog zu den Betrachtungen zu den Erzeugendensystem-Eigenschaften, dass $v(c)$ für konstante Funktionen c verschwindet; es genügt wegen der Linearität von v, $f = 1$ zu betrachten:

$$v(1) = v(1 \cdot 1) = v(1) \cdot 1 + 1 \cdot v(1) = 2v(1).$$

Insgesamt folgt:

$$v(f) = v(f(p)) + \sum_{k=1}^{n} v(h_k) \cdot (f \circ h^{-1})^{(k)}(h(p)) + \sum_{k=1}^{n} h_k(p) \cdot v\left((f \circ h^{-1})^{(k)} \circ h\right)$$

$$= \sum_{k=1}^{n} v(h_k) \frac{\partial(f \circ h^{-1})}{\partial x_k}(h(p))$$

$$= \sum_{k=1}^{n} v(h_k) b_k(f).$$

Da f beliebig gewählt war, ist jedes $v \in T_p M$ folglich eine Linearkombination der b_i. Somit ist $(b_1, \ldots, b_n)$ ein Erzeugendensystem von $T_p M$.

Um schließlich die lineare Unabhängigkeit nachzuweisen, betrachten wir reelle $\lambda_1, \ldots, \lambda_n$ mit $\sum_{k=1}^{n} \lambda_k b_k = 0$. Angewendet auf h_i ergibt sich

$$0 = \sum_{k=1}^{n} \lambda_k b_k(h_i)$$

$$= \sum_{k=1}^{n} \lambda_k \frac{\partial(h_i \circ h^{-1})}{\partial x_k}(h(p))$$

$$= \sum_{k=1}^{n} \lambda_k \frac{\partial x_i}{\partial x_k}(h(p))$$

$$= \lambda_i. \qquad \blacksquare$$

Erläuterung

Der Tangentialraum hat also als Vektorraum dieselbe Dimension wie die zugrundeliegende Mannigfaltigkeit.

Beispiel

Wir möchten die abstrakten Definitionen von Tangentialvektoren und Tangentialraum mit den bereits von parametrisierten Flächen in $\mathbb{R}^3$ bekannten anhand eines Beispiels vergleichen. Wir sehen uns hierzu die Abbildung

$$\psi\colon\ ]0,2\pi[\ \times\ ]-1,1[\ \to \mathbb{R}^3, \quad (\phi,z) \mapsto \begin{pmatrix} \cos\phi \\ \sin\phi \\ z \end{pmatrix}$$

an, welche einen Teil eines Zylindermantels parametrisiert. (Den Rand des Flächenstücks möchten wir in diesem Beispiel nicht betrachten und haben den Definitionsbereich daher gleich auf das offene Rechteck eingeschränkt.)

Wie wir aus der mehrdimensionalen Analysis wissen, wird die Tangentialebene in einem Punkt $p \in U := \psi(]0,2\pi[\ \times\ ]-1,1[)$ durch die Vektoren

$$\widetilde{b}_1|_p := \frac{\partial\psi}{\partial\phi}(\phi_0,z_0) = \begin{pmatrix} -\sin\phi_0 \\ \cos\phi_0 \\ 0 \end{pmatrix}, \quad \widetilde{b}_2|_p := \frac{\partial\psi}{\partial z}(\phi_0,z_0) = \begin{pmatrix} 0 \\ 0 \\ 1 \end{pmatrix}$$

aufgespannt, wobei $(\phi_0,z_0) := \psi^{-1}(p)$.

In der Sprache der Mannigfaltigkeiten hingegen ist $h = \psi^{-1}$ eine Karte mit Kartenbereich U. Für den Basisvektor bzgl. der Koordinate ϕ gilt, angewandt auf eine Funktion f auf U:

$$b_1|_p(f) = \frac{\partial(f \circ h^{-1})}{\partial\phi}(h(p))$$

$$= \frac{\partial(f \circ \psi)}{\partial\phi}(\psi^{-1}(p))$$

$$= \frac{\partial(f \circ \psi)}{\partial\phi}(\phi_0,z_0).$$

Stellen wir uns f als eine Funktion im gesamten Raum $\mathbb{R}^3$ vor, eingeschränkt auf das Kartengebiet U, so gilt nach der Kettenregel:

$$b_1|_p(f) = D_p f \cdot \frac{\partial\psi}{\partial\phi}(\phi_0,z_0)$$

$$= \left\langle \nabla f(p), \frac{\partial\psi}{\partial\phi}(\phi_0,z_0) \right\rangle = \left\langle \nabla f(p), \widetilde{b}_1|_p \right\rangle.$$

Das ist gerade die Ableitung von f in Richtung von $\frac{\partial\psi}{\partial\phi}$; für die Koordinate z ist das analog:

$$b_2|_p(f) = \left\langle \nabla f(p), \frac{\partial\psi}{\partial z}(\phi_0,z_0) \right\rangle = \left\langle \nabla f(p), \widetilde{b}_2|_p \right\rangle.$$

Konkret ist dies in diesem Fall

$$b_1(f) = -\sin\phi\frac{\partial f}{\partial x_1} + \cos\phi\frac{\partial f}{\partial x_2}, \quad b_2(f) = \frac{\partial f}{\partial x_3}.$$

Letztlich können wir uns also die b_i als Ableitungen in Richtung der Koordinatenlinien vorstellen; deshalb schreiben wir auch

$$b_1 = \frac{\partial}{\partial\phi}, \quad b_2 = \frac{\partial}{\partial z}.$$

Erläuterung

Im Allgemeinen haben wir keine standardmäßige oder komfortable Möglichkeit, eine abstrakte Mannigfaltigkeit als Parametrisierung in einem $\mathbb{R}^n$ darzustellen. Nach dem sog. Satz von Whitney ist das zwar mit $n = 2 \cdot \dim M$ prinzipiell möglich – jedoch gibt der Satz keine Auskunft darüber, wie dieses sog. Einbetten im konkreten Fall aussieht. Aus diesem Grund ist es erforderlich, Tangentialvektoren ohne eine solche Einbettung zu definieren, auch wenn dies zunächst etwas ungewohnt oder unnötig kompliziert erscheinen mag.

Erläuterung

Gebräuchlich ist für $\frac{\partial}{\partial\square}$ auch die Schreibweise $\partial_\square$, also wäre im obigen Beispiel

$$b_1 = \partial_\phi, \; b_2 = \partial_z .$$

Dualräume

▶ Definition

Sei V ein $\mathbb{K}$-Vektorraum. Dann nennen wir den $\mathbb{K}$-Vektorraum der linearen Abbildungen von V nach $\mathbb{K}$ den Dualraum von V:

$$V^* := \{f \colon V \to \mathbb{K} \mid f \text{ ist linear}\} \qquad \blacktriangleleft$$

Beispiel

Sei $V = \mathbb{R}^n$ der $\mathbb{R}$-Vektorraum aller Spaltenvektoren mit n reellen Einträgen. Der Dualraum von V ist gegeben durch alle linearen Abbildungen von $\mathbb{R}^n$ nach $\mathbb{R}$. Diese sind mittels Matrix-Vektor-Multiplikation im Wesentlichen (d.h. bis auf Isomorphie) durch die sie darstellenden $1 \times n$-Matrizen gegeben. Folglich ist der Dualraum von $\mathbb{R}^n$ gerade der Vektorraum aller Zeilenvektoren: $V^* = \mathbb{R}^{n*}$. Dessen Dualraum ist wieder $\mathbb{R}^n$ selbst.

■ Satz

Sei $n \in \mathbb{N}$, V ein n-dimensionaler $\mathbb{K}$-Vektorraum und $(b_1, \ldots, b_n)$ eine Basis von V. Dann bilden die linearen Abbildungen $b_1^*, \ldots, b_n^* \colon V \to \mathbb{K}$, welche durch

$$b_i^*(b_k) = \delta_{ik}$$

für $i, k \in \{1, \ldots, n\}$ eindeutig bestimmt sind, eine Basis von V^*; hier ist δ_{ik} das aus Band 1 bekannte Kronecker-Symbol. Insbesondere gilt $\dim V = \dim V^*$.

Beweis: Zunächst einmal ist jedes b_i^* durch seine Wirkung auf die b_k aufgrund seiner Linearität tatsächlich bereits eindeutig bestimmt, denn es gilt für alle $v \in V$ mit Basisdarstellung $v = v_1 b_1 + \ldots + v_n b_n$:

$$b_i^*(v) = b_i^* \left(\sum_{k=1}^n v_k b_k \right)$$

$$= \sum_{k=1}^n v_k b_i^*(b_k)$$

$$= \sum_{k=1}^n v_k \delta_{ik} = v_i.$$

Jedes b_i^* ordnet also einem Vektor einfach seine i-te Koordinate bzgl. der Basis $(b_1, \ldots, b_n)$ zu. Zunächst zeigen wir die lineare Unabhängigkeit von $(b_1^*, \ldots, b_n^*)$. Seien hierzu $\lambda_1, \ldots, \lambda_n \in \mathbb{K}$ mit $\sum_{k=1}^n \lambda_k b_k^* = 0$ für alle $v \in V$, da ja die b_k^* Funktionen sind. Einsetzen von b_i ergibt dann:

$$0 = \sum_{k=1}^n \lambda_k b_k^*(b_i) = \sum_{k=1}^n \lambda_k \delta_{ki} = \lambda_i.$$

Nun zeigen wir, dass $(b_1^*, \ldots, b_n^*)$ ein Erzeugendensystem von V^* ist. Hierzu stellen wir fest, dass jedes $f \in V^*$ wie folgt als Linearkombination darstellbar ist:

$$f = \sum_{k=1}^n f(b_k) b_k^*.$$

Dies sehen wir mit beliebigem $v = v_1 b_1 + \ldots + v_n b_n$ wie folgt:

$$f(v) = f \left(\sum_{k=1}^n v_k b_k \right)$$

$$= \sum_{k=1}^n v_k f(b_k)$$

$$= \sum_{k=1}^n f(b_k) b_k^*(v). \qquad \blacksquare$$

Erläuterung

Wir nennen $(b_1^*, \ldots, b_n^*)$ die zu $(b_1, \ldots, b_n)$ duale Basis.

Beispiel

Die zur Standardbasis $e_1, e_2, \ldots, e_n$ des $\mathbb{R}^n$ duale Basis ist

$$e_1^* = e_1^t, \; e_2^* = e_2^t, \; \ldots, \; e_n^* = e_n^t.$$

Beispiel

Wir betrachten die Basis

$$b_1 = \begin{pmatrix} 1 \\ 1 \end{pmatrix}, \; b_2 = \begin{pmatrix} 1 \\ -2 \end{pmatrix}$$

von $\mathbb{R}^2$. Für die zugehörige duale Basis (b_1^*, b_2^*) gilt:

$$b_1^* \cdot b_1 = 1, \quad b_1^* \cdot b_2 = 0,$$
$$b_2^* \cdot b_1 = 0, \quad b_2^* \cdot b_2 = 1.$$

Das ist ein lineares Gleichungssystem in den Komponenten von b_1^* und b_2^*; die Lösung ist

$$b_1^* = \frac{1}{3} \begin{pmatrix} 2 & 1 \end{pmatrix},$$
$$b_2^* = \frac{1}{3} \begin{pmatrix} 1 & -1 \end{pmatrix}.$$

Beispiel

Sei

$$V = \mathbb{R}_{\leq 1}[x] = \{p \colon \mathbb{R} \to \mathbb{R} \mid p(x) = ax + b \text{ mit } a, b \in \mathbb{R}\}$$

der Vektorraum aller reellen Polynome höchstens ersten Grades und $b_1, b_2 \in V$ die Basispolynome $b_1(x) = 1$, $b_2(x) = x$. Die zu b_1, b_2 dualen Basisvektoren sind dann gegeben durch $b_1^*, b_2^* \colon V \to \mathbb{R}$ mit

$$b_1^*(p) = p(0), \quad b_2^*(p) = p(1) - p(0).$$

▶ **Definition**

Sei M eine Mannigfaltigkeit und $p \in M$. Der Dualraum T_pM^* des Tangentialraums T_pM in p wird der Kotangentialraum in p genannt. Seine Elemente heißen Kotangentialvektoren oder kurz Kovektoren.   ◀

Erläuterung

In der Physik (insbesondere in der Relativitätstheorie) nennen wir Elemente aus T_pM auch oft kontravariante Vektoren und Elemente aus T_pM^* kovariante Vektoren.

Tensorräume

▶ **Definition**

Sei V ein $\mathbb{K}$-Vektorraum und $r, s \in \mathbb{N}$, wobei nicht $r = s = 0$ gelte. Dann heißt eine multilineare Abbildung $T \colon (V^*)^r \times V^s \to \mathbb{K}$ Tensor vom Typ (r, s) (über V). Die Menge aller Tensoren vom Typ (r, s) über V heißt $(r.s)$-Tensorraum über V.   ◀

Erläuterung

Mit „multilinear" ist genauer gemeint: Für alle $v_1^*, \ldots, v_r^* \in V^*$, $v_{r+1}, \ldots, v_{r+s} \in V$ und $i \in \{1, \ldots, r\}$, $j \in \{r+1, \ldots, r+s\}$ gilt: Die Abbildungen

$$t_i \colon V^* \to \mathbb{R}, x^* \mapsto T(v_1^*, \ldots, x^*, \ldots, v_r^*, v_{r+1}, \ldots, v_{r+s}),$$

$$t_j \colon V \to \mathbb{R}, x \mapsto T(v_1^*, \ldots, v_r^*, v_{r+1}, \ldots, x, \ldots, v_{r+s})$$

sind linear, wobei jeweils x^* im i-ten Eingang und x im j-ten Eingang steht.

Beispiel

Sei V ein Vektorraum.
Jedes Element x^* aus dem Dualraum V^* ist ein $(0,1)$-Tensor über V:

$$x^* \colon V \to \mathbb{R}, \ x \mapsto x^*(x).$$

Jedes Element x aus V kann umgekehrt auch als folgender $(1,0)$-Tensor T_x über V aufgefasst werden:

$$T_x \colon V^* \to \mathbb{R}, \ x^* \mapsto x^*(x).$$

Hierdurch wird auch die Idee der Dualität von Raum/Dualraum deutlich.

Beispiel

Jedes Skalarprodukt auf einem Vektorraum V stellt einen Tensor vom Typ $(0,2)$ dar:

$$\langle \cdot, \cdot \rangle \colon V \times V \to \mathbb{K}, \ (x,y) \mapsto \langle x, y \rangle.$$

Beispiel

Jede Matrix $A \in M(n \times n, \mathbb{K})$ lässt sich wie folgt als Tensor vom Typ $(1,1)$ über $\mathbb{K}^n$ auffassen:

$$T_A \colon \mathbb{K}^{n*} \times \mathbb{K}^n \to \mathbb{K}, \ (x^*, x) \mapsto x^* \cdot A \cdot x.$$

Beispielsweise haben wir etwas konkreter für $n = 2$:

$$
\begin{aligned}
T_A(x^*, x) &= x^* \cdot A \cdot x \\
&= \begin{pmatrix} x_1^* & x_2^* \end{pmatrix} \cdot \begin{pmatrix} a_{11} & a_{12} \\ a_{21} & a_{22} \end{pmatrix} \cdot \begin{pmatrix} x_1 \\ x_2 \end{pmatrix} \\
&= a_{11}x_1^* x_1 + a_{12}x_1^* x_2 + a_{21}x_2^* x_1 + a_{22}x_2^* x_2.
\end{aligned}
$$

Beispiel

Die Determinante einer $n \times n$-Matrix ist eine multilineare Abbildung in den Spaltenvektoren und kann deshalb als Tensor vom Typ $(0,n)$ aufgefasst werden:

$$T_{\det} \colon \underbrace{\mathbb{K}^n \times \cdots \times \mathbb{K}^n}_{n\text{-mal}} \to \mathbb{K}, \ (x_1, \ldots, x_n) \mapsto \det(x_1, \ldots, x_n).$$

Ausblick

Da haben wir ihn also, den Begriff des Tensors, und durch die Beispiele konnten wir vermutlich unseren Frieden mit diesem weiteren abstrakten Objekt schließen. Aber nicht nur das – die Tensoren eröffnen uns gewaltige Möglichkeiten. Ferner durchziehen sie die gesamte Physik; so kommen dort Energie-Impuls-Tensoren vor (die wesentlich zur Beschreibung der Materie in kosmologischen Modellen dienen), gleichfalls Trägheitstensoren (in der Mechanik).

Das ist allerdings, wir ahnen es inzwischen, wieder nur ein Anfang, auf den weitere schöne Dinge folgen, wie Riemann'sche Krümmungstensoren in der bereits erwähnten Differenzialgeometrie.

Selbsttest

I. Welche Implikationen gelten für alle Tangentialvektoren $v \in T_p M$?

(1) $f \colon M \to \mathbb{R}$ konstant
$\Rightarrow$ $v(f) = 0$ auf ganz M

(2) $f, g \in \mathcal{F}(M)$ mit $f = g$ auf einer Umgebung $U(p)$
$\Rightarrow$ $v(f) = v(g)$ auf ganz M

(3) $c \in \mathbb{R}$, $\widetilde{v} \colon \mathcal{F}(M) \to \mathbb{R}$ mit $\widetilde{v}(f) := v(f) + c$ für alle $f \in \mathcal{F}(M)$
$\Rightarrow$ $\widetilde{v} \in T_p M$

(4) $f \in \mathcal{F}(M)$, $c \in \mathbb{R}$
$\Rightarrow$ $v(f + c) = v(f)$

II. Sei

$$V = \mathbb{R}_{\leq 2}[x] = \left\{ p \colon \mathbb{R} \to \mathbb{R} \mid p(x) = ax^2 + bx + c \text{ mit } a, b, c \in \mathbb{R} \right\}$$

der Vektorraum der reellen Polynome maximal zweiten Grades und b_1, b_2, $b_3 \in V$ die Basispolynome $b_1(x) = 1$, $b_2(x) = x$ und $b_3(x) = x^2$. Welches sind die dazu dualen Basisvektoren b_1^*, b_2^*, $b_3^* \colon V \to \mathbb{R}$?

(1) $b_1^*(p) = p(0)$,
$b_2^*(p) = p(1) - p(0)$,
$b_3^*(p) = p(1) + p(0)$

(3) $b_1^*(p) = p(0)$,
$b_2^*(p) = p(1) - p(0)$,
$b_3^*(p) = p(2) - p(1) - p(0)$

(2) $b_1^*(p) = p(0)$,
$b_2^*(p) = \frac{1}{2}(p(1) - p(-1))$,
$b_3^*(p) = \frac{1}{2}(p(1) + p(-1)) - p(0)$

(4) $b_1^*(p) = c$,
$b_2^*(p) = b$,
$b_3^*(p) = a$
für $p(x) = ax^2 + bx + c$

III. Sei V ein Vektorraum und $T \colon V^2 \to \mathbb{R}$ ein Tensor vom Typ $(0, 2)$. Welche Gleichungen folgen aus der Multilinearität für $u, v \in V$ und $a, b \in \mathbb{R}$?

(1) $T(au, v) = T(u, av)$

(2) $T(au, bv) = T(bu, av)$

(3) $T(u_1 + u_2, v_1 + v_2) = T(u_1, v_1) + T(u_1, v_2) + T(u_2, v_1) + T(u_2, v_2)$

(4) $T(u_1 + u_2, v_1 + v_2) = T(u_1, v_1) + T(u_2, v_2)$

(5) $T(u_1 + u_2, v_1 + v_2) = T(u_1, v_2) + T(u_2, v_1)$

8 Vektorfelder, 1-Formen und Tensorfelder

Einblick

Möge Wasser gemächlich auf einer geraden Bahn von links nach rechts durch ein Rohr fließen, und stellen wir uns vor, dass das Wasser idealisiert aus winzigen Kügelchen besteht. Kleben wir gedanklich an diese Kügelchen kleine Pfeile an, die Richtung und Geschwindigkeit des jeweiligen Teilchens repräsentieren, so begreifen wir anschaulich ein Vektorfeld, also die Gesamtheit der Pfeile, die an den Wasserteilchen kleben.

Das geht natürlich nicht nur in diesem Spezialfall und daher benötigen wir eine Mathematisierung der Idee, die wir in diesem Kapitel liefern, die ja eigentlich nur bedeutet, dass wir an Punkte Vektoren kleben.

Die hier verwendete Anschauung ist elementar physikalisch, die moderne mathematische Umsetzung ist allerdings komplexer, wie im Folgenden sichtbar wird.

Betrachten wir nun Punkte einer Mannigfaltigkeit, so lassen sich an diese nicht nur Vektoren kleben (die natürlich allgemein keine Pfeile sind), sondern wir könnten auch Tensoren an diese Punkte basteln – schon liegen Tensorfelder vor.

Vektorfelder

▶ **Definition**

Unter einem Vektorfeld auf einer Mannigfaltigkeit M verstehen wir eine Abbildung V, die jedem Punkt $p \in M$ einen Tangentialvektor $V_p \in T_pM$ zuordnet. ◀

Erläuterung

Wenn wir uns an die zweite Erläuterung nach der Definition von Tangentialvektoren erinnern, dann haben wir (zumindest in Fällen niedriger Dimension) eine gute Anschauung für Tangentialvektoren. Die obige Definition sorgt nun dafür, dass wir jedem Punkt einer betrachteten Mannigfaltigkeit einen solchen Tangentialvektor vermöge der Abbildung V zuordnen können. Dies wiederum entspricht dann der Anschauung, die wir im Einblick gegeben hatten. Natürlich versagt unsere Anschauung in höheren Dimensionen und bei Mannigfaltigkeiten, die beispielsweise nicht gerade der $\mathbb{R}^2$ sind. Aber wie so oft auf unserer gemeinsamen Reise sind wir von (auch historisch wichtigen) elementaren Überlegungen zu Verallgemeinerungen gekommen, die trotz ihrer Abstraktheit bedeutsam sind. Und wir möchten gute Ideen auch weiterhin durch Verallgemeinerung in neue Welten übertragen.

▶ **Definition**

Sei V ein Vektorfeld auf einer Mannigfaltigkeit M. Für jede Funktion $f \in \mathcal{F}(M)$ bezeichne Vf die Funktion mit $(Vf)(p) := V_p(f)$ für alle $p \in M$.

Wir nennen V differenzierbar (von der Klasse C^k, glatt), falls Vf für alle $f \in \mathcal{F}(M)$ differenzierbar (von der Klasse C^k, glatt) ist. Die Menge aller glatten Vektorfelder auf einer Mannigfaltigkeit M bezeichnen wir mit $\mathcal{X}(M)$.   ◀

▶ **Definition**

Sei M eine Mannigfaltigkeit. Für $f \in \mathcal{F}(M)$ und $V, W \in \mathcal{X}(M)$ definieren wir die glatten Vektorfelder fV und $V + W$ über:

1. $(fV)_p := f(p)V_p$,

2. $(V + W)_p := V_p + W_p$.   ◀

Erläuterung

Mit den oben definierten Verknüpfungen wird $\mathcal{X}(M)$ zu einem sog. Modul über $\mathcal{F}(M)$. Der Begriff Modul ist eine Verallgemeinerung von Vektorraum. ($\mathcal{F}(M)$ ist kein Körper wie $\mathbb{R}$ oder $\mathbb{C}$.)

1-Formen

▶ **Definition**

Unter einer 1-Form auf einer Mannigfaltigkeit M verstehen wir eine Abbildung θ, die jedem Punkt $p \in M$ einen Kovektor $\theta_p \in T_pM^*$ zuordnet.   ◀

▶ **Definition**

Sei θ eine 1-Form auf einer Mannigfaltigkeit M. Für jedes Vektorfeld $V \in \mathcal{X}(M)$ bezeichne $\theta(V)$ die Funktion mit $\theta(V)(p) := \theta_p(V_p)$ für alle $p \in M$.

Wir nennen θ differenzierbar (von der Klasse C^k, glatt), falls $\theta(V)$ für alle $V \in \mathcal{X}(M)$ differenzierbar (von der Klasse C^k, glatt) ist. Die Menge aller glatten 1-Formen auf einer Mannigfaltigkeit M bezeichnen wir mit $\mathcal{X}^*(M)$.   ◀

▶ Definition

Sei M eine Mannigfaltigkeit. Für $f \in \mathcal{F}(M)$ und $\theta, \rho \in \mathcal{X}^*(M)$ definieren wir die glatten 1-Formen $f\theta$ und $\theta + \rho$ über:

1. $(f\theta)_p := f(p)\theta_p$,

2. $(\theta + \rho)_p := \theta_p + \rho_p$.   ◀

Koordinatendarstellung

Erläuterung

Haben wir eine Karte (U, h) auf einer Mannigfaltigkeit M gegeben, so kann ein Vektorfeld V auf M mithilfe der entsprechenden Koordinatenbasis $(b_1, \ldots, b_n)$ in jedem Punkt $p \in U$ wie folgt dargestellt werden:

$$V_p = \beta^1(p) b_1|_p + \cdots + \beta^n(p) b_n|_p,$$

wobei $\beta^1, \ldots, \beta^n : U \to \mathbb{R}$ geeignete Funktionen sind, welche wir die Komponentenfunktionen von V bzgl. der Koordinatenbasis nennen. Dass wir hier die Indizes oben schreiben (nicht mit einem Exponenten zu verwechseln!), ist insbesondere in der physikalischen Literatur üblich und hat eine praktische Bewandnis, auf die wir später noch eingehen werden.

Ebenso kann jede 1-Form θ mithilfe der zu $(b_1, \ldots, b_n)$ dualen Basis $(b_1^*, \ldots, b_n^*)$ dargestellt werden, wobei wir auch $b^i := b_i^*$ schreiben:

$$\theta_p = u_1(p) b^1|_p + \cdots + u_n(p) b^n|_p$$

mit den Komponentenfunktionen $u_1, \ldots, u_n : U \to \mathbb{R}$.

■ Satz

Ein Vektorfeld bzw. eine 1-Form ist genau dann glatt, wenn die Komponentenfunktionen (bzgl. beliebiger Koordinatenbasen) glatt sind.

Beweis: Wir zeigen zunächst den Fall, in dem wir ein Vektorfeld vorliegen haben. Sei dazu (U, h) mit $h = (h_1, \ldots, h_n)$ eine Karte der Mannigfaltigkeit M, $(b_1, \ldots, b_n)$ die zugehörige Koordinatenbasis und V ein Vektorfeld mit den Komponentenfunktionen $\beta^1, \ldots, \beta^n : U \to \mathbb{R}$.

$\Rightarrow$ Sei V glatt, d.h., Vf ist für jede glatte Funktion f wieder eine glatte Funktion. Insbesondere ist $V(h_i)$ für alle $i \in \{1, \ldots, n\}$ glatt. (Wir müssen dazu das Vektorfeld auf das Kartengebiet einschränken, was wir jedoch nicht explizit hinschreiben wollen.) Wir haben für alle $p \in U$:

$$V_p(h_i) = \sum_{k=1}^{n} \beta^k(p) b_k|_p(h_i)$$

$$= \sum_{k=1}^{n} \beta^k(p) \frac{\partial(h_i \circ h^{-1})}{\partial x_k}(h(p))$$

$$= \sum_{k=1}^{n} \beta^k(p) \frac{\partial x_i}{\partial x_k}(h(p)) = \sum_{k=1}^{n} \beta^k(p) \delta_k^i = \beta^i(p).$$

Folglich sind die β^i glatt.

$\Leftarrow$　Seien nun die Komponentenfunktionen $\beta^1, \ldots, \beta^n$ von V glatt und $f \in \mathcal{F}(M)$. Nach Definition ist dies gleichbedeutend damit, dass die Funktionen $\widetilde{\beta}^i := \beta^i \circ h^{-1}$ und $\widetilde{f} := f \circ h^{-1}$ im bekannten Sinne glatt sind. Es gilt mit $x = h(p)$:

$$(Vf)(h^{-1}(x)) = \sum_{k=1}^{n} \beta^k(p) b_k|_p(f)$$

$$= \sum_{k=1}^{n} (\beta^k \circ h^{-1})(x) \frac{\partial(f \circ h^{-1})}{\partial x_k}(x)$$

$$= \sum_{k=1}^{n} \widetilde{\beta}^k(x) \frac{\partial \widetilde{f}}{\partial x_k}(x).$$

Wir sehen gleich, dass $(Vf) \circ h^{-1}$ und folglich Vf glatt ist, wenn $\widetilde{f}$ und die $\widetilde{\beta}^i$ glatt sind.

Sei nun θ eine 1-Form auf M mit Komponentenfunktionen $u_1, \ldots, u_n \colon U \to \mathbb{R}$. Wir haben für alle $p \in U$:

$$\theta_p(V_p) = \sum_{k=1}^{n} u_k(p) b^k|_p \Big(\sum_{l=1}^{n} \beta^l(p) b_l|_p \Big)$$

$$= \sum_{k=1}^{n} \sum_{l=1}^{n} u_k(p) \beta^l(p) b^k|_p (b_l|_p)$$

$$= \sum_{k=1}^{n} \sum_{l=1}^{n} u_k(p) \beta^l(p) \delta_l^k = \sum_{k=1}^{n} u_k(p) \beta^k(p)$$

$$= (u_1(p), \cdots, u_n(p)) \cdot \begin{pmatrix} \beta^1(p) \\ \vdots \\ \beta^n(p) \end{pmatrix}$$

Wir sehen, dass $\theta(V)$ auf dem Kartengebiet U für beliebige glatte Funktionen $\beta^1, \ldots, \beta^n$ dann und nur dann stets glatt sein kann, wenn die Komponentenfunktionen $u_1, \ldots, u_n$ glatt sind. ∎

Erläuterung

Insbesondere sind die Basisvektorfelder $b_1, \ldots, b_n$ bzw. Basis-1-Formen $b^1, \ldots, b^n$ glatt. Die Komponentenfunktionen von Vektorfeldern bzw. 1-Formen können wir zu Spalten- bzw. Zeilenvektoren zusammenfassen:

$$\beta = \begin{pmatrix} \beta^1 \\ \vdots \\ \beta^n \end{pmatrix}, \quad u = (u_1, \ldots, u_n).$$

■ Satz

Seien (U_1, h) und (U_2, g) Karten auf einer Mannigfaltigkeit M mit den zugehörigen Koordinatenbasen $(b_1, \ldots, b_n)$ bzw. $(c_1, \ldots, c_n)$. Ferner seien auf $U := U_1 \cap U_2 \neq \emptyset$ durch

$$V = \sum_{k=1}^{n} \beta^k b_k = \sum_{k=1}^{n} \gamma^k c_k$$

ein kontravariantes Vektorfeld und durch

$$\theta = \sum_{k=1}^{n} u_k b^k = \sum_{k=1}^{n} v_k c^k$$

ein kovariantes Vektorfeld (1-Form) gegeben. Dann gilt mit der Kartenwechselabbildung $\Phi := g \circ h^{-1} \colon h(U) \to g(U)$ für alle $p \in U$:

$$\gamma(p) = \Phi'(h(p)) \cdot \beta(p), \quad v(p) = u(p) \cdot (\Phi'(h(p)))^{-1}$$

bzw.

$$\widehat{\gamma}(\Phi(x)) = \Phi'(x) \cdot \widetilde{\beta}(x), \quad \widehat{v}(\Phi(x)) = \widetilde{u}(x) \cdot (\Phi'(x))^{-1}$$

mit $x = h(p)$, $\widehat{\gamma} = \gamma \circ g^{-1}$, $\widetilde{\beta} = \beta \circ h^{-1}$. (Hierbei ist Φ' die gewöhnliche Ableitung bzw. Jacobi-Matrix von Φ.)

Beweis: Wir drücken die eine Koordinatenbasis durch die andere aus. Es gibt geeignete Funktionen $\lambda_i^j \colon U \to \mathbb{R}$; $i, j \in \{1, \ldots, n\}$, sodass gilt:

$$b_i|_p = \sum_{l=1}^{n} \lambda_i^l(p) c_l|_p.$$

Wir können diese Funktionen zu einer matrixwertigen Abbildung zusammenfassen: $\Lambda = (\lambda_j^i)_{i,j=1,\ldots,n}$. Daraus folgt

$$b_i|_p(g_j) = \sum_{l=1}^{n} \lambda_i^l(p) c_l|_p(g_j) = \sum_{l=1}^{n} \lambda_i^l(p) \delta_{lj} = \lambda_i^j(p).$$

Zugleich ist aber auch:

$$b_i|_p(g_j) = \frac{\partial(g_j \circ h^{-1})}{\partial x_i}(h(p)) = \frac{\partial \Phi_j}{\partial x_i}(h(p)).$$

Ein Vergleich liefert sofort $\Lambda(p) = \Phi'(h(p))$. Ferner haben wir auch

$$\sum_{k=1}^{n} \gamma^k c_k = V = \sum_{k=1}^{n} \beta^k b_k = \sum_{k=1}^{n} \beta^k \left(\sum_{l=1}^{n} \lambda_k^l c_l \right) = \sum_{k=1}^{n} \left(\sum_{l=1}^{n} \beta^l \lambda_l^k \right) c_k.$$

Ein Koeffizientenvergleich liefert $\gamma^i = \sum_{l=1}^{n} \beta^l \lambda_l^i$ bzw. $\gamma(p) = \Lambda(p) \cdot \beta(p)$. Entsprechend können wir den Wechsel der dualen Basen hinschreiben:

$$b^i|_p = \sum_{l=1}^{n} \mu_l^i(p) c^l|_p.$$

Daraus ergibt sich

$$\delta_j^i = b^i(b_j) = \sum_{l=1}^{n} \mu_l^i c^l(b_j) = \sum_{l=1}^{n} \mu_l^i c^l(\sum_{k=1}^{n} \lambda_j^k c_k)$$

$$= \sum_{k=1}^{n}\sum_{l=1}^{n} \mu_l^i \lambda_j^k c^l(c_k) = \sum_{k=1}^{n}\sum_{l=1}^{n} \mu_l^i \lambda_j^k \delta_k^l = \sum_{k=1}^{n} \mu_k^i \lambda_j^k.$$

Das bedeutet: $(\mu_j^i)_{i,j=1,\dots,n}$ ist die zu Λ inverse Matrix. Ein Koeffizientenvergleich liefert wieder das gewünschte Ergebnis $v(p) = u(p) \cdot (\Lambda(p))^{-1}$:

$$\sum_{k=1}^{n} v_k c^k = \theta = \sum_{k=1}^{n} u_k b^k = \sum_{k=1}^{n} u_k \left(\sum_{l=1}^{n} \mu_l^k c^l \right) = \sum_{k=1}^{n} \left(\sum_{l=1}^{n} u_l \mu_k^l \right) c^k,$$

also $v_k = \sum_{l=1}^{n} u_l \mu_k^l$ für $k = 1, \dots, n$. ∎

Beispiel

Sei $M = \{(x,y,z) \in \mathbb{R}^3 \mid x^2 + y^2 + z^2 = 1,\, z > 0\}$ die obere Halbkugel (ohne Randkurve). Wir können M z. B. mithilfe von Kugelkoordinaten parametrisieren:

$$h^{-1}\colon W_1 := \,]0, 2\pi[\, \times\, \left]0, \frac{\pi}{2}\right[\to U_1, \quad h^{-1}(\phi, \theta) = \begin{pmatrix} \cos\theta \cos\phi \\ \cos\theta \sin\phi \\ \sin\theta \end{pmatrix},$$

oder mit einer stereografischen Karte versehen:

$$g\colon U_2 \to W_2 := \{(u,v) \in \mathbb{R}^2 \mid u^2 + v^2 > 1\}, \quad g(x,y,z) = \frac{1}{1-z} \cdot \begin{pmatrix} x \\ y \end{pmatrix}$$

bzw.

$$g^{-1}\colon W_2 \to U_2, \quad g^{-1}(u,v) = \frac{1}{1+u^2+v^2} \cdot \begin{pmatrix} 2u \\ 2v \\ -1+u^2+v^2 \end{pmatrix}.$$

Wir haben $U_2 = M \setminus \{(0,0,1)\}$ und $U_1 = M \setminus \{(x,y,z) \in M \mid y = 0,\ x \geq 0\}$, sodass der gemeinsame Kartenbereich durch $U = U_1 \cap U_2 = U_1$ gegeben ist, auf welchen wir im Folgenden alle Karten usw. einschränken wollen. Für den Kartenwechsel gilt

$$\Phi(\phi,\theta) = (g \circ h^{-1})(\phi,\theta) = \frac{\cos\theta}{1-\sin\theta} \cdot \begin{pmatrix} \cos\phi \\ \sin\phi \end{pmatrix}$$

und

$$\Phi'(\phi,\theta) = \begin{pmatrix} \frac{\partial\Phi_1}{\partial\phi}(\theta,\phi) & \frac{\partial\Phi_1}{\partial\theta}(\theta,\phi) \\ \frac{\partial\Phi_2}{\partial\phi}(\theta,\phi) & \frac{\partial\Phi_2}{\partial\theta}(\theta,\phi) \end{pmatrix} = \frac{1+\sin\theta}{\cos\theta} \cdot \begin{pmatrix} -\sin\phi & \frac{\cos\phi}{\cos\theta} \\ \cos\phi & \frac{\sin\phi}{\cos\theta} \end{pmatrix}.$$

Die Inverse ist gegeben durch

$$(\Phi'(\phi,\theta))^{-1} = \frac{\cos\theta}{1+\sin\theta} \cdot \begin{pmatrix} -\sin\phi & \cos\phi \\ \cos\phi\cos\theta & \sin\phi\cos\theta \end{pmatrix}.$$

Betrachten wir ein Vektorfeld V, das bzgl. der stereografischen Karte $(U, g|_U)$ die Komponentenfunktionen $\widehat{\gamma}^1(u,v) = -v$ und $\widehat{\gamma}^2(u,v) = u$ hat. Bzgl. der Karte $(U, h|_U)$ erhalten wir hingegen:

$$\begin{aligned}
\widetilde{\beta}(\phi,\theta) &= (\Phi')^{-1}(\phi,\theta) \cdot \widehat{\gamma}(\Phi(\phi,\theta)) \\
&= \frac{\cos\theta}{1+\sin\theta} \cdot \begin{pmatrix} -\sin\phi & \cos\phi \\ \cos\phi\cos\theta & \sin\phi\cos\theta \end{pmatrix} \cdot \frac{\cos\theta}{1-\sin\theta} \cdot \begin{pmatrix} -\sin\phi \\ \cos\phi \end{pmatrix} \\
&= \frac{\cos^2\theta}{1-\sin^2\theta} \cdot \begin{pmatrix} (-\sin\phi)\cdot(-\sin\phi) + \cos\phi\cdot\cos\phi \\ -\cos\phi\cos\theta\sin\phi + \sin\phi\cos\theta\cos\phi \end{pmatrix} = \begin{pmatrix} 1 \\ 0 \end{pmatrix},
\end{aligned}$$

also $\widetilde{\beta}^1(\phi,\theta) = 1$ und $\widetilde{\beta}^2(\phi,\theta) = 0$.

Anschaulich können wir die Plausibilität des Ergebnisses so einsehen: Das Vektorfeld V können wir uns als Wirbel um den Ursprung im $\mathbb{R}^2$ vorstellen: $\widehat{\gamma}(u,v) = (-v,u)$ ist senkrecht zu (u,v); auch $\widetilde{\beta}(\phi,\theta) = (1,0)$ enthält nur die Komponente, welche die Rotation in der x-y-Ebene beschreibt.

Erläuterung

Es ist üblich, zur Vereinfachung der Notation die Koordinatenfunktionen mit $\phi = h_1$, $\theta = h_2$ bzw. $u = g_1$, $v = g_2$ zu bezeichnen und für die entsprechenden Basisvektorfelder zu schreiben:

$$b_1 = \frac{\partial}{\partial\phi}, \ b_2 = \frac{\partial}{\partial\theta}$$

bzw.

$$c_1 = \frac{\partial}{\partial u}, \; c_2 = \frac{\partial}{\partial v}.$$

Wir machen dann in der Notation auch meist keinen Unterschied mehr zwischen $\tilde{\beta}$ und β bzw. $\hat{\gamma}$ und γ. Auf diese Weise lässt sich das obige Ergebnis auch kurz und prägnant schreiben als

$$V = -v\frac{\partial}{\partial u} + u\frac{\partial}{\partial v} = \frac{\partial}{\partial \phi}.$$

Erläuterung

Wir möchten nun auf die eigentümliche Stellung der Indizes eingehen. Insbesondere in der physikalischen Literatur, aber auch in zahlreichen mathematischen Publikationen, wird oft die Einstein'sche Summenkonvention eingeführt: Über Paare gleichnamiger Indizes (in einem gemeinsamen Term), welche sowohl oben als auch unten auftauchen, wird auch ohne explizit geschriebenes Summenzeichen summiert. Also gilt unter dieser Konvention beispielsweise

$$\beta^k b_k = \sum_{k=1}^{n} \beta^k b_k.$$

Das ist insbesondere bei komplizierteren Ausdrücken, wie sie z. B. in der Relativitätstheorie nicht selten auftauchen, praktisch.

Darüber hinaus können wir allein an der Stellung der Indizes bei den Komponenten erkennen, ob es sich um jene eines kontravarianten Vektors (oben) oder eines kovarianten Vektors (unten) handelt. Oft schreiben wir dann die Basisvektorfelder auch nicht mehr hin, sondern rechnen nur noch explizit mit den Komponentenfunktionen.

Tensorfelder

▶ **Definition**

Unter einem Tensorfeld vom Typ (r, s) auf einer Mannigfaltigkeit M verstehen wir eine Abbildung t, die jedem Punkt $p \in M$ einen Tensor t_p vom Typ (r, s) über T_pM zuordnet.   ◀

▶ **Definition**

Wir nennen ein Tensorfeld t vom Typ (r, s) differenzierbar (von der Klasse C^k, glatt), falls die Funktion $t(\theta_1, \ldots, \theta_r, V_{r+1}, \ldots, V_{r+s})$ für alle $\theta_1, \ldots, \theta_r \in \mathcal{X}^*(M)$ und $V_{r+1}, \ldots, V_{r+s} \in \mathcal{X}(M)$ differenzierbar (von der Klasse C^k, glatt) ist.   ◀

▶ **Definition**

Sei M eine Mannigfaltigkeit. Für $f \in \mathcal{F}(M)$ und glatte Tensorfelder t, u vom selben Typ auf M definieren wir die glatten Tensorfelder ft und $t + u$ über:

1. $(ft)_p := f(p)t_p$,

2. $(t + u)_p := t_p + u_p$. ◄

Ausblick

Auch wenn es sich hier um kein Buch zur Physik handelt, kommen wir an dieser Stelle nicht umhin, eine mögliche wichtige Bedeutung der vielen zuletzt gebrachten mathematischen Begrifflichkeiten zu unterstreichen. Auch historisch ist die Verknüpfung zur Physik stark, und nicht umsonst gibt es seit geraumer Zeit die Mathematische Physik – und neuerdings auch die Physikalische Mathematik.

Zum Ausblick werfen wir daher einen Blick auf die Relativitätstheorie, welche sich des Kalküls auf Mannigfaltigkeiten intensiv bedient.

In der Einstein'schen Allgemeinen Relativitätstheorie gehen wir gewöhnlich von folgendem Modell aus: Raum und Zeit sind nicht als getrennt zu betrachten, sondern zur sog. Raum-Zeit verschmolzen. Darüber hinaus ist die Raum-Zeit nicht a priori festgelegt und lediglich eine Art Bühne physikalischen Geschehens (wie in der Newton'schen Theorie), sondern selbst abhängig von der in ihr enthaltenen Verteilung von Masse bzw. Energie.

Mathematisch ist die Raum-Zeit eine 4-dimensionale Mannigfaltigkeit M, auf der ein $(0, 2)$-Tensorfeld g mit gewissen Eigenschaften definiert ist; dieses Tensorfeld wird metrischer Tensor (kurz: Metrik) genannt.

Beispielsweise ist die Metrik im Vakuum, ohne Anwesenheit von Gravitationsfeldern, gegeben durch die auf der Mannigfaltigkeit $M_0 = \mathbb{R}^4$ mit Standardkoordinaten (t, x, y, z) definierte Minkowski-Metrik:

$$g_0 = -c^2 dt^2 + dx^2 + dy^2 + dz^2$$

Prinzipiell können wir bei dt^2, dx^2, ... an infinitesimale Größen denken. In Wirklichkeit aber sind die dt, dx, ... die zu den Koordinatenbasisvektorfeldern ∂_t, ∂_x, ... dualen 1-Formen, und die Tensorfelder dt^2, dx^2, ... sind gegeben durch

$$dt^2(V, W) = dt(V) \cdot dt(W), \, dx^2(V, W) = dx(V) \cdot dx(W), \ldots$$

für $V, W \in \mathcal{X}(M_0)$. Die Größe c ist die Lichtgeschwindigkeit.

Die Physik der Minkowski-Raum-Zeit ist Gegenstand der Speziellen Relativitätstheorie.

Selbsttest

I. Sei für die Mannigfaltigkeit $M = \mathbb{R}^n$ und für ein beliebiges $k = 1, \ldots, n$ das Vektorfeld V definiert durch

$$V_p(f) := \left. \frac{\partial f}{\partial x_k} \right|_p.$$

Welche Aussagen sind korrekt?

(1) V ist gar kein Vektorfeld auf $\mathbb{R}^n$

(2) $V \in \mathcal{X}(\mathbb{R}^n)$

(3) $Vf \in \mathcal{X}(\mathbb{R}^n)$

II. Seien M eine Mannigfaltigkeit, V ein Vektorfeld, θ eine 1-Form und schließlich $f \in \mathcal{F}(M)$. Was sind die korrekten Bildmengen?

(1) $V \colon M \to T_pM$ (5) $\theta \colon M \to T_pM^*$

(2) $V \colon M \to \bigcup_{p \in M} T_pM$ (6) $\theta \colon M \to \bigcup_{p \in M} T_pM^*$

(3) $Vf \colon M \to \mathbb{R}$ (7) $\theta(V) \colon M \to \mathbb{R}$

(4) $Vf \colon M \to T_pM^*$ (8) $\theta(V) \colon M \to T_pM$

III. Im Beispiel des Kapitels Koordinatendarstellung haben wir das wirbelförmige Vektorfeld V betrachtet, das bzgl. der stereografischen Karte die Komponentenfunktionen (geschrieben als Spaltenvektoren) $\widehat{\gamma}(u,v) = (-v,u)$ und bzgl. der Kugelkoordinatenparametrisierung die Komponentenfunktionen $\widetilde{\beta}(\phi,\theta) = (1,0)$ hat.

Welche Komponentenfunktionen bzgl. der Kugelkoordinatenparametrisierung sind anschaulich für das radiale Vektorfeld W mit $\widehat{\gamma}(u,v) = (u,v)$ zu erwarten?

(1) $\widetilde{\beta}(\phi,\theta) = (1,1)$ (3) $\widetilde{\beta}(\phi,\theta) = (0,\cos\theta)$

(2) $\widetilde{\beta}(\phi,\theta) = (0,1)$ (4) $\widetilde{\beta}(\phi,\theta) = (0,\sin\theta)$

Aufgaben zu Topologie und Analysis auf Mannigfaltigkeiten

I. Sei $(X, \mathcal{O})$ ein topologischer Raum. Zeigen Sie, dass für abgeschlossene Mengen von X gilt:

1. Für eine beliebige Familie $(A_i)_{i \in I}$ von abgeschlossenen Mengen gilt, dass $\bigcap_{i \in I} A_i$ abgeschlossen ist;

2. Für eine endliche Familie $A_1, \ldots, A_n$ von abgeschlossenen Mengen gilt, dass $\bigcup_{i=1}^{n} A_i$ abgeschlossen ist;

3. Der gesamte Raum X und die leere Menge $\emptyset$ sind abgeschlossen.

II. Auf der Menge der reellen $n \times n$-Matrizen sei die Relation

$$A \sim B \iff A - B \text{ ist symmetrisch, d.h } (A - B)^T = A - B$$

gegeben. Prüfen Sie, ob es sich dabei um eine Äquivalenzrelation handelt.

III. Gegeben sei die Basis

$$\mathcal{B} = \{p_1(x) = x + 1, \, p_2(x) = x - 1\}$$

des $\mathbb{R}_{\leq 1}[x]$. Berechnen Sie die duale Basis.

IV. Sei M eine Mannigfaltigkeit mit einer Karte (U, h). Seien $(b_1, \ldots, b_n)$ die zugehörige Koordinatenbasis und $(b^1, \ldots, b^n)$ deren duale Basis. Diesbezüglich habe die 1-Form θ die Komponentenfunktionen $u_1, \ldots, u_n$ und das Vektorfeld V die Komponentenfunktionen $\beta^1, \ldots, \beta^n$. Schreiben Sie die folgende Rechnung unter Verwendung der Einstein'schen Summenkonvention auf:

$$
\begin{aligned}
\theta_p(V_p) &= \sum_{k=1}^{n} u_k(p) b^k|_p \left(\sum_{l=1}^{n} \beta^l(p) b_l|_p \right) \\
&= \sum_{k=1}^{n} \sum_{l=1}^{n} u_k(p) \beta^l(p) b^k|_p \left(b_l|_p \right) \\
&= \sum_{k=1}^{n} \sum_{l=1}^{n} u_k(p) \beta^l(p) \delta_l^k \\
&= \sum_{k=1}^{n} u_k(p) \beta^k(p)
\end{aligned}
$$

Teil III

Funktionalanalysis

9 Laplace-Transformation

Einblick

Dieser Einblick wird etwas umfangreicher, weil an dieser Stelle nicht nur auf das nächste Kapitel eingegangen werden muss, sondern auf die folgende Gesamtheit.

Wir sind in der Variationsrechnung bereits Funktionalen begegnet. Als wichtiges Beispiel betrachteten wir das Bogenlängenfunktional

$$L[\gamma] = \int_a^b \|\gamma'(t)\| dt,$$

welches jeder stetig differenzierbaren Kurve $\gamma\colon [a,b] \to \mathbb{R}^n$ ihre Bogenlänge zuordnet; es handelt sich daher um eine Abbildung aus dem Vektorraum der stetig differenzierbaren Kurven $C^1([a,b],\mathbb{R}^n)$ in die reellen Zahlen. Aber auch das im ersten Band behandelte bestimmte Integral ist ein Funktional.

Der Begriff des Funktionals ist es auch, der den Namen Funktionalanalysis geprägt hat, und dieses mathematische Teilgebiet bildet den gesamten Rest dieses Buches.

Neben Funktionalen haben wir auch sog. Operatoren, welche Abbildungen zwischen Funktionenräumen darstellen. Von besonderer Bedeutung sind hierbei wieder die linearen Operatoren. So ist beispielsweise der Ableitungsoperator

$$\frac{d}{dx}\colon C^\infty([a,b],\mathbb{R}) \to C^\infty([a,b],\mathbb{R}),\ f \mapsto f'$$

ein linearer Operator. Das uns längst bekannte unbestimmte Integral ist gleichfalls ein Operator.

Wie sieht es mit der praktischen Anwendung aus? Hier wäre es wunderbar, wenn wir z. B. Differenzialgleichungen (mit Anfangsbedingungen) in algebraische Gleichungen transformieren, diese dann lösen und die Lösungen rücktransformieren könnten.

Die gute Nachricht ist, dass eine derartige Transformation mit der sog. Laplace-Transformation existiert, die in das Gesamtgebiet der Funktionalanalysis gehört – es handelt sich nämlich um einen speziellen Operator.

© Springer-Verlag GmbH Deutschland, ein Teil von Springer Nature 2023
M. Scherfner und T. Volland, *Mathematik für das Bachelorstudium III*,
https://doi.org/10.1007/978-3-8274-2558-4_9

Laplace-Transformation

▶ **Definition**

Für Funktionen $f\colon [0,\infty[\to \mathbb{C}$ definieren wir für alle $s \in \mathbb{C}$, für die das Integral existiert, die Laplace-Transformation durch

$$f \mapsto \mathcal{L}[f], \quad \mathcal{L}[f](s) := \int_0^\infty f(t)e^{-st}\,dt. \qquad \blacktriangleleft$$

■ **Satz**

Existieren $\mathcal{L}[f](s)$ und $\mathcal{L}[g](s)$, so existieren auch $\mathcal{L}[f+g](s)$ und $\mathcal{L}[af](s)$ für $a \in \mathbb{C}$ und es gilt:

1. $\mathcal{L}[f+g](s) = \mathcal{L}[f](s) + \mathcal{L}[g](s)$,

2. $\mathcal{L}[af](s) = a\mathcal{L}[f](s)$.

Beweis: Dies folgt sofort aus der Linearität des Integrals.   ■

Beispiel

Sei $f\colon [0,\infty[\to \mathbb{C}$, $f(t) = e^{at}$ mit $a \in \mathbb{C}$. Wir berechnen die Laplace-Transformierte von f:

$$\mathcal{L}[f](s) = \int_0^\infty e^{at}e^{-st}\,dt = \lim_{r \to \infty} \int_0^r e^{(a-s)t}\,dt$$

$$= \frac{1}{a-s} \lim_{r \to \infty} \left(e^{(\operatorname{Re}(a)-\operatorname{Re}(s))r} e^{i(\operatorname{Im}(a)-\operatorname{Im}(s))r} - 1 \right)$$

$$= \frac{1}{a-s}(0-1) = \frac{1}{s-a},$$

falls $\operatorname{Re}(s) > \operatorname{Re}(a)$.

■ **Satz**

Sei $a \in \mathbb{C}$ und $n \in \mathbb{N}$. Dann gilt:

1. $\mathcal{L}[e^{at}](s) = \frac{1}{s-a}$ für $\operatorname{Re}(s) > \operatorname{Re}(a)$,

2. $\mathcal{L}[\sin(at)](s) = \frac{a}{s^2+a^2}$ für $\operatorname{Re}(s) > |\operatorname{Im}(a)|$,

3. $\mathcal{L}[\cos(at)](s) = \frac{s}{s^2+a^2}$ für $\operatorname{Re}(s) > |\operatorname{Im}(a)|$,

4. $\mathcal{L}[1](s) = \frac{1}{s}$ für $\operatorname{Re}(s) > 0$,

5. $\mathcal{L}[t^n](s) = \frac{n!}{s^{n+1}}$ für $\operatorname{Re}(s) > 0$.

Beweis: Die erste Transformationsformel hatten wir ja bereits gezeigt; die vierte ist einfach diese für den Fall $a = 0$. Die übrigen Formeln ergeben sich gleichsam durch Berechnen der entsprechenden uneigentlichen Integrale, wobei 2. und 3. auch über

$$\sin(at) = \frac{1}{2i}(e^{iat} - e^{-iat}) \quad \text{und} \quad \cos(at) = \frac{1}{2}(e^{iat} + e^{-iat})$$

berechnet werden können. Formel 5. werden Sie auch im Aufgabenteil wiederfinden.   ■

Erläuterung

Eigentlich wird die Funktion transformiert und nicht die Funktionsvorschrift; wir werden uns trotzdem erlauben, z. B. $\mathcal{L}[\sin(t)](s) = \frac{1}{s^2+1}$ zu schreiben, anstatt $\mathcal{L}[\sin](s) = \frac{1}{s^2+1}$. Dies kommt uns z. B. bei $\mathcal{L}[t^n](s)$ zugute.

Erläuterung

Die obige Tabelle zur Laplace-Transformation lässt sich durch weitere Berechnungen natürlich genügend erweitern, jedoch sind zahlreiche weitere Transformationen z. B. im „Taschenbuch der Mathematik" von Bronstein et al. zu finden.

▶ Definition

Sei $I \subseteq \mathbb{R}$. Eine Funktion $f \colon I \to \mathbb{C}$ heißt von exponentieller Ordnung, wenn es $C, \gamma \in \mathbb{R}$ gibt, sodass $|f(t)| \leq Ce^{\gamma t}$ für alle $t \in I$ gilt.   ◀

■ Satz

Sei $f \colon [0, \infty[\to \mathbb{C}$ eine stückweise stetige Funktion von exponentieller Ordnung. Dann gibt es ein $\gamma \in \mathbb{R}$, sodass $\mathcal{L}[f](s)$ für alle $\operatorname{Re}(s) > \gamma$ existiert.

Beweis: Kurzgefasst sichert die stückweise Stetigkeit von f die Existenz von $\int_a^b f(t)e^{-st}\, dt$ für alle $b \geq a \geq 0$. Wenn zudem $|f(t)| \leq Ce^{\gamma t}$ gilt, wird das Integral vom Betrage her für $\operatorname{Re}(s) > \gamma$ beliebig klein, wenn nur a groß genug gewählt wird. Dies sichert dann die Konvergenz von $\int_0^\infty f(t)e^{-st}\, dt$.   ■

Bei unserem Ziel der Problemlösung mittels der hier betrachteten Transformation bleibt die Frage nach der Rücktransformation.

■ Satz

Seien $f, g \colon [0, \infty[\to \mathbb{C}$ stückweise stetige Funktionen von exponentieller Ordnung. Falls $\mathcal{L}[f](s) = \mathcal{L}[g](s)$ für alle $s \in \mathbb{C}$ mit hinreichend großem Realteil gilt, so ist $f(t) = g(t)$ an allen Stellen $t \in [0, \infty[$, in welchen sowohl f als auch g stetig sind.

Erläuterung

Diese Eigenschaft gibt gerade Auskunft über die Eindeutigkeit bei der Rück-transformation.

■ **Satz**

Sei $f \colon [0, \infty[\to \mathbb{C}$ eine n-mal stetig differenzierbare Funktion, deren n-te Ableitung $f^{(n)}$ von exponentieller Ordnung ist. Dann ist auch f von exponentieller Ordnung, und es gilt:

$$\mathcal{L}[f^{(n)}](s) = s^n \mathcal{L}[f](s) - s^{n-1} f(0) - s^{n-2} f'(0) - \ldots - f^{(n-1)}(0)$$

für alle $s \in \mathbb{C}$ mit hinreichend großem Realteil.

Erläuterung

Speziell für $n = 1$ haben wir

$$\mathcal{L}[f'](s) = s\mathcal{L}[f](s) - f(0).$$

Erläuterung

Der letzte Satz ist wesentlich dafür, um unter Verwendung der Laplace-Transformation aus Differenzialgleichungen algebraische Gleichungen zu erhalten.

Lösen von Anfangswertproblemen

Beispiel

Wir betrachten das folgende Anfangswertproblem für eine stetig differenzierbare Funktion $x \colon \mathbb{R} \to \mathbb{R}$:

$$x'(t) + x(t) = 1 \text{ für alle } t \in \mathbb{R},$$
$$x(0) = 0.$$

Verwenden wir den Satz über die Ableitung der Laplace-Transformation, so wird mit

$$\mathcal{L}[x'](s) = s\mathcal{L}[x](s) - x(0) = s\mathcal{L}[x](s)$$

sowie

$$\mathcal{L}[1](s) = \frac{1}{s}$$

aus obigem Anfangswertproblem eine algebraische Gleichung in der Laplace-Transformierten:

$$s\mathcal{L}[x](s) + \mathcal{L}[x](s) = \frac{1}{s}.$$

Nach Umstellen ergibt sich:

$$\mathcal{L}[x](s) = \frac{1}{s(s+1)}.$$

Zur Rücktransformation verwenden wir, um unsere Liste benutzen zu können, eine Partialbruchzerlegung:

$$\frac{1}{s(s+1)} = \frac{A}{s} + \frac{B}{s+1}.$$

Es ergibt sich

$$1 = \frac{As(s+1)}{s} + \frac{Bs(s+1)}{s+1};$$

daraus sofort

$$1 = A(s+1) + Bs.$$

Durch Koeffizientenvergleich erhalten wir das folgende leicht zu lösende lineare Gleichungssystem:

$$A = 1, \quad A + B = 0 \Leftrightarrow$$
$$A = 1, \quad B = -1.$$

Damit ergibt sich

$$\mathcal{L}[x](s) = \frac{1}{s} - \frac{1}{s+1}$$

und final nach Rücktransformation:

$$x(t) = 1 - e^{-t}.$$

Ausblick

Letztlich sind Funktionale und Operatoren Abbildungen zwischen Vektorräumen, und wir können einige Begriffe aus der linearen Algebra übertragen. Der entscheidende Unterschied ist jedoch, dass die betrachteten Vektorräume im Allgemeinen nicht endlichdimensional sind. So können wir z. B. für den Ableitungsoperator sofort eine Reihe von Eigenvektoren angeben, welche in diesem Zusammenhang auch Eigenfunktionen genannt werden. Es gilt nämlich

$$\frac{d}{dx}(e^{\lambda x}) = \lambda e^{\lambda x}.$$

Wie wir sehen, ist jede reelle Zahl λ ein Eigenwert von $\frac{d}{dx}$ zur Eigenfunktion $\psi_\lambda(x) := e^{\lambda x}$. Bei Vektorräumen endlicher Dimension $n \in \mathbb{N}$ ist dies nicht möglich; hier kann eine lineare Abbildung maximal n verschiedene Eigenwerte haben.

Die Laplace-Transformation hat schöne Eigenschaften und gab uns dazu eine Möglichkeit für die Behandlung von Anfangswertproblemen. Es schließt sich die Frage an, ob es weitere nützliche Transformationen gibt? Die Antwort geben wir im folgenden Kapitel.

Selbsttest

I. Was ist die Laplace-Transformierte von $f \colon [0, \infty[\to \mathbb{C}$ mit

$$f(t) = at^2 + bt + c\,?$$

(1) $\mathcal{L}[f](s) = \frac{a}{s^3} + \frac{b}{s^2} + \frac{c}{s}$ für $\operatorname{Re}(s) > 0$

(2) $\mathcal{L}[f](s) = \frac{2a}{s^3} + \frac{b}{s^2} + \frac{c}{s}$ für $\operatorname{Re}(s) > 0$

(3) $\mathcal{L}[f](s) = \frac{3a}{s^3} + \frac{2b}{s^2} + \frac{c}{s}$ für $\operatorname{Re}(s) > 0$

II. Welche Funktionen $f \colon [0, \infty[\to \mathbb{C}$ sind von exponentieller Ordnung?

(1) $f(t) := e^{at}$ für $a \in \mathbb{C}$ (4) $f(t) := \sin(at)$ für $a \in \mathbb{C}$

(2) $f(t) := te^{at}$ für $a \in \mathbb{C}$ (5) $f(t) := \cos(at)$ für $a \in \mathbb{C}$

(3) $f(t) := e^{at^2}$ für $a \in \mathbb{C}$ (6) $f(t) := t^n$ für $n \in \mathbb{N}$

III. Das Anfangswertproblem

$$af''(t) + bf'(t) + cf(t) = d, \quad f'(0) = f(0) = 0$$

hat nach der Laplace-Transformation welche algebraische Entsprechung?

(1) $\mathcal{L}[f](s) = \frac{d}{as^2 + bs + c}$ (3) $\mathcal{L}[f](s) = d(as^2 + bs + c)$

(2) $\mathcal{L}[f](s) = \frac{d}{s(as^2 + bs + c)}$ (4) $\mathcal{L}[f](s) = \frac{d}{s}(as^2 + bs + c)$

(5) $\mathcal{L}[f](s) = as^2 + bs + c - d$

10 Fourier-Transformation

Einblick

Die nachstehend behandelte Transformation sorgt dafür, dass bestimmte Signale, wie sie z. B. in der Elektrotechnik vorkommen, in ein (kontinuierliches) Spektrum zerlegt werden können – der Zusammenhang zu allgemeinen physikalischen und ingenieurwissenschaftlichen Anwendungen liegt damit auf der Hand.

Die Fourier-Analyse beschreibt die Zerlegung eines beliebigen periodischen Signals in eine Summe von Sinus- und Kosinusfunktionen – also in eine Fourier-Reihe. Mit ihr gelingt daher die Zerlegung eines Signals in die entsprechenden Frequenzanteile.

Wir erinnern uns an die komplexe Fourier-Reihe

$$f(t) = \sum_{k=-\infty}^{\infty} c_k e^{ik\omega t}$$

mit

$$c_k = \frac{1}{T} \int_0^T f(t) e^{-ik\omega t}\, dt$$

und der Periode $T \in \mathbb{R}$, $T > 0$; $\omega = \frac{2\pi}{T}$. Hier ist $f(t)$ eine stetige, T-periodische Funktion. Diese Kenntnisse führen uns später zur diskreten Fourier-Transformation.

► Definition
Für Funktionen $f \colon \mathbb{R} \to \mathbb{C}$ definieren wir die Fourier-Transformation durch

$$f \mapsto \mathcal{F}[f], \quad \mathcal{F}[f](\omega) := \frac{1}{\sqrt{2\pi}} \int_{-\infty}^{\infty} f(t) e^{-i\omega t}\, dt,$$

falls das Integral für alle $\omega \in \mathbb{R}$ existiert. ◄

Erläuterung
Der Faktor $\frac{1}{\sqrt{2\pi}}$ wird sich noch als nützlich erweisen; es gibt jedoch auch Lehrbücher, in denen er fehlt.

© Springer-Verlag GmbH Deutschland, ein Teil von Springer Nature 2023
M. Scherfner und T. Volland, *Mathematik für das Bachelorstudium III*,
https://doi.org/10.1007/978-3-8274-2558-4_10

■ **Satz**

Existieren $\mathcal{F}[f]$ und $\mathcal{F}[g]$, so existieren auch $\mathcal{F}[f+g]$ und $\mathcal{F}[af]$ für $a \in \mathbb{C}$ und es gilt:

1. $\mathcal{F}[f+g] = \mathcal{F}[f] + \mathcal{F}[g]$,

2. $\mathcal{F}[af] = a\mathcal{F}[f]$.

Beweis: Dies folgt sofort aus der Linearität des Integrals.   ■

▶ **Definition**

Sei $f: \mathbb{R} \to \mathbb{C}$ eine glatte Funktion. Wir nennen f eine Schwartz'sche Funktion, falls es für alle $k \in \mathbb{N}$ und Polynome $p: \mathbb{R} \to \mathbb{R}$ ein $C \in \mathbb{R}$ gibt, sodass

$$p(t)|f^{(k)}(t)| \leq C$$

für alle $t \in \mathbb{R}$ gilt. Die Menge aller Schwartz'schen Funktionen bezeichnen wir mit $\mathcal{S}(\mathbb{R})$ oder kurz $\mathcal{S}$.   ◀

Erläuterung

In anderen Worten: Das Produkt einer beliebigen (höheren) Ableitung einer Schwartz'schen Funktion mit einem beliebigen Polynom muss stets eine beschränkte Funktion sein. Summen von Schwartz'schen Funktionen sind wieder Schwartz'sche Funktion, das Produkt einer Schwartz'schen Funktion mit einem Polynom oder einer (komplexen) Zahl ist eine Schwartz'sche Funktion. Insbesondere ist $\mathcal{S}$ ein $\mathbb{C}$-Vektorraum.

Beispiel

Die Funktion $f(t) = \exp(-t^2)$ ist eine Schwartz'sche Funktion, denn es gilt $f^{(k)}(t) = q_k(t) \exp(-t^2)$ für geeignete Polynome q_k. Nach L'Hospital existieren für alle Polynome p die Grenzwerte

$$\lim_{t \to \pm\infty} p(t) q_k(t) \exp(-t^2) = \lim_{t \to \pm\infty} p(t) f^{(k)}(t).$$

Das kann aber nur sein, wenn $p(t)|f^{(k)}(t)|$ beschränkt bleibt.

Erläuterung

Der folgende Satz zeigt zusammen mit der oben erwähnten Linearität der Transformation, dass die Fourier-Transformation eine wohldefinierte lineare Abbildung von $\mathcal{S}$ nach $\mathcal{S}$ darstellt.

■ **Satz**

Sei $f \in \mathcal{S}$. Dann existiert die Fourier-Transformierte von f und es gilt $\mathcal{F}[f] \in \mathcal{S}$.

Beweis: Wir zeigen nur den ersten Teil der Behauptung. Jede Schwartz'sche Funktion ist über endliche Intervalle integrierbar, da stetig. Speziell mit der Wahl $k = 0$ und $p(t) = 1 + t^2$ ergibt sich darüber hinaus $|f(t)| \leq \frac{C}{1+t^2}$ für ein geeignetes $C \in \mathbb{R}$. Somit gilt für alle $\omega \in \mathbb{R}$:

$$\int_{-\infty}^{\infty} |f(t)e^{-i\omega t}| \, dt = \int_{-\infty}^{\infty} |f(t)| \, dt$$

$$\leq \int_{-\infty}^{\infty} \frac{C}{1+t^2} \, dt$$

$$= C \lim_{a \to -\infty} \arctan(t)|_a^0 + C \lim_{b \to \infty} \arctan(t)|_0^b$$

$$= C\pi < \infty.$$

Eine Funktion, deren Betrag integrierbar ist, ist jedoch stets integrierbar (siehe folgende Erläuterung). Folglich existiert $\int_{-\infty}^{\infty} f(t)e^{-i\omega t} dt = \sqrt{2\pi}\mathcal{F}[f](\omega)$. ∎

Erläuterung

Um auf das letzte Argument etwas genauer einzugehen, dass absolut integrierbare Funktionen integrierbar sind: Sei $g \colon \mathbb{R} \to \mathbb{C}$ eine stetige Funktion, sodass $\int_{-\infty}^{\infty} |g(t)| dt$ existiert. Das ist genau dann der Fall, wenn für jede reelle Folge (r_k) mit $r_k \to \pm\infty$ die Folge $k \mapsto \int_0^{r_k} |g(t)| dt$ Cauchy'sch ist. Für $\varepsilon > 0$ und $m, n \in \mathbb{N}$ haben wir:

$$\left| \int_0^{r_n} |g(t)| \, dt - \int_0^{r_m} |g(t)| \, dt \right| < \varepsilon \Leftrightarrow \left| \int_{r_m}^{r_n} |g(t)| \, dt \right| < \varepsilon$$

$$\Rightarrow \left| \int_{r_m}^{r_n} g(t) dt \right| < \varepsilon$$

$$\Leftrightarrow \left| \int_0^{r_n} g(t) dt - \int_0^{r_m} g(t) dt \right| < \varepsilon$$

Dies zeigt, dass auch $k \mapsto \int_0^{r_k} g(t) dt$ eine Cauchy-Folge sein muss; folglich existiert $\int_{-\infty}^{\infty} g(t) dt$.

Rechenregeln und Inverse

Erläuterung

Die Fourier-Transformation ist nicht nur eine lineare Abbildung im Raum der Schwartz'schen Funktionen, sondern zeigt sich auch verträglich mit der Differenziation sowie der Verschiebung/Stauchung/Streckung/Spiegelung von Funktionsgraphen:

■ <u>Satz</u>

Sei $f \in \mathcal{S}$, $a \in \mathbb{R} \setminus \{0\}$ und $t_0 \in \mathbb{R}$. Dann gilt für alle $\omega \in \mathbb{R}$:

1. $\mathcal{F}[f'](\omega) = i\omega\mathcal{F}[f](\omega)$,

2. $\left(\mathcal{F}[f]\right)'(\omega) = -i\mathcal{F}[tf(t)](\omega)$,

3. $\mathcal{F}[f(t - t_0)](\omega) = e^{-i\omega t_0}\mathcal{F}[f](\omega)$,

4. $\mathcal{F}\left[f\left(\frac{t}{a}\right)\right](\omega) = |a|\mathcal{F}[f](a\omega)$.

Beweis: Hier wurde die Notation, ähnlich wie zuvor bei der Laplace-Transformation erläutert, etwas missbraucht; mit dem Term $tf(t)$ ist hier z. B. die Funktion gemeint, die jedem $t \in \mathbb{R}$ den Wert $tf(t)$ zuordnet.

Wenn f eine Schwartz'sche Funktion ist, so sind auch f', $\mathcal{F}[f]$, $tf(t)$, $f\left(\frac{t}{a}\right)$ und $f(t - t_0)$ Schwartz'sche Funktionen, sodass die in den Formeln auftretenden Ausdrücke auch tatsächlich einen Sinn ergeben.

Von den Identitäten zeigen wir exemplarisch die erste durch partielle Integration:

$$\sqrt{2\pi}\mathcal{F}[f'](\omega) = \int_{-\infty}^{\infty} f'(t)e^{-i\omega t}\,dt$$

$$= f(t)e^{-i\omega t}\Big|_{t=-\infty}^{\infty} + i\omega\int_{-\infty}^{\infty} f(t)e^{-i\omega t}\,dt$$

$$= f(t)e^{-i\omega t}\Big|_{t=-\infty}^{\infty} + \sqrt{2\pi}i\omega\mathcal{F}[f](\omega).$$

Der erste Summand verschwindet, da für $f \in \mathcal{S}$ stets $\lim_{t\to\pm\infty} |f(t)| = 0$ gilt. Andernfalls bliebe z. B. $(1 + t^2)|f(t)|$ nicht beschränkt. ∎

Des Weiteren kann die Fourier-Transformation umgekehrt werden, und die Rücktransformation zeigt sich in erstaunlicher Symmetrie zur Hintransformation:

■ **Satz**
Die Fourier-Transformation $\mathcal{F}\colon \mathcal{S} \to \mathcal{S}$ ist bijektiv, und deren Inverse (also die Umkehrabbildung; auch Rücktransformation genannt) ist gegeben durch

$$\mathcal{F}^{-1}[g](t) = \frac{1}{\sqrt{2\pi}}\int_{-\infty}^{\infty} g(\omega)e^{i\omega t}\,d\omega$$

für alle $g \in \mathcal{S}$ und $t \in \mathbb{R}$.

Beispiel
Sei $f\colon \mathbb{R}_{>0} \to \mathbb{R} \subset \mathbb{C}$ gegeben durch $f(t) = e^{-at}\cos(\omega_0 t)$ mit ω_0, $a \geq 0$. Indem wir f mit $f(t) = 0$ für alle $t \leq 0$ fortsetzen und f mit ihrer Fortsetzung

identifizieren, können wir die Fourier-Transformierte berechnen:

$$
\begin{aligned}
\mathcal{F}[f](\omega) &= \frac{1}{\sqrt{2\pi}} \int_{-\infty}^{\infty} f(t) e^{-i\omega t}\, dt \\
&= \frac{1}{\sqrt{2\pi}} \int_{0}^{\infty} f(t) e^{-i\omega t}\, dt \\
&= \frac{1}{\sqrt{2\pi}} \int_{0}^{\infty} e^{-at} \cos(\omega_0 t) e^{-i\omega t}\, dt \\
&= \frac{1}{2\sqrt{2\pi}} \int_{0}^{\infty} e^{-at}(e^{i\omega_0 t} + e^{-i\omega_0 t}) e^{-i\omega t}\, dt \\
&= \frac{1}{2\sqrt{2\pi}} \left(\int_{0}^{\infty} e^{(-a-i(\omega-\omega_0))t}\, dt + \int_{0}^{\infty} e^{(-a-i(\omega+\omega_0))t}\, dt \right) \\
&= \frac{1}{2\sqrt{2\pi}} \left(\frac{1}{-a-i(\omega-\omega_0)} + \frac{1}{-a-i(\omega+\omega_0)} \right)
\end{aligned}
$$

Dabei wurde verwendet, dass $\lim_{t\to\infty} e^{(-a-i(\omega\pm\omega_0))t} = 0$, weil $e^{(-i(\omega\pm\omega_0))t}$ beschränkt ist und $a \geq 0$. Das auf ganz $\mathbb{R}$ fortgesetzte f ist in $t = 0$ nicht stetig, also auch keine Schwartz'sche Funktion. Dennoch ist die Fourier-Transformierte definiert.

Erläuterung

Wir können die Fourier-Transformierte $\omega \mapsto \mathcal{F}[f](\omega)$ (oder zumindest deren Absolutbetrag) physikalisch als das (kontinuierliche) Frequenzspektrum des Verlaufs $t \mapsto f(t)$ einer Kurve (z. B. einer Messkurve oder eines Signals) interpretieren. Das Spektrum weist stets einen Peak bei der jeweiligen Frequenz $\omega = \omega_0$ auf. Je stärker das Signal lokalisiert ist (kleiner Wert für a), desto breiter ist dieser Peak.

Betrachten Sie dazu die folgenden Abbildungen, in denen f und $|\mathcal{F}|$ dargestellt sind.

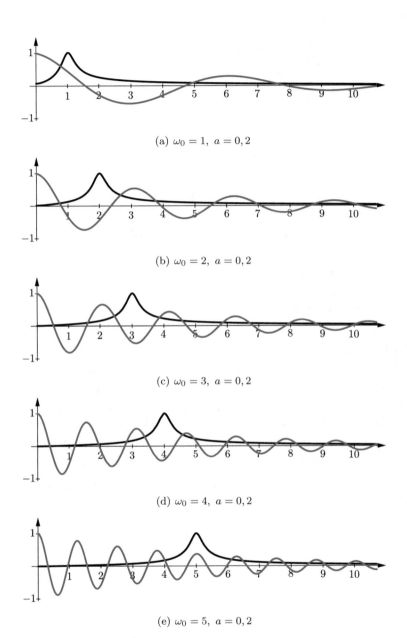

(a) $\omega_0 = 1$, $a = 0,2$

(b) $\omega_0 = 2$, $a = 0,2$

(c) $\omega_0 = 3$, $a = 0,2$

(d) $\omega_0 = 4$, $a = 0,2$

(e) $\omega_0 = 5$, $a = 0,2$

Abbildung 10.1: Absolutbetrag der Fourier-Transformierten (schwarz) der Funktion $f(t) = e^{-at} \cdot \cos(\omega_0 t)$ (blau) für verschiedene Werte von ω_0

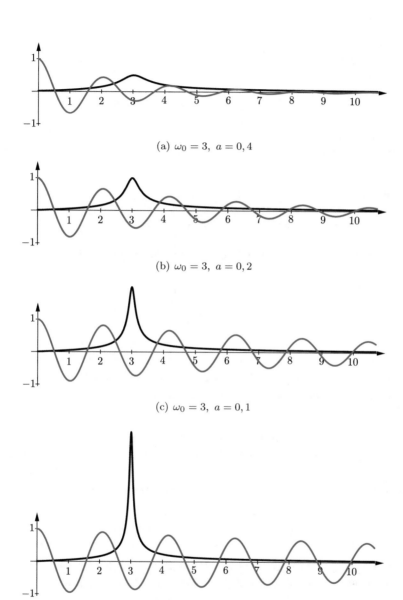

(a) $\omega_0 = 3,\ a = 0,4$

(b) $\omega_0 = 3,\ a = 0,2$

(c) $\omega_0 = 3,\ a = 0,1$

(d) $\omega_0 = 3,\ a = 0,05$

Abbildung 10.2: Absolutbetrag der Fourier-Transformierten (schwarz) der Funktion $f(t) = e^{-at} \cdot \cos(\omega_0 t)$ (blau) für verschiedene Werte von a

Faltung

▶ **Definition**

Sei $I \subseteq \mathbb{R}$ ein Intervall. Die Faltung von zwei Funktionen $f, g \colon I \to \mathbb{C}$ ist dann gegeben durch

$$(f * g)(t) = \int_{-\infty}^{\infty} f(t - \tau) \cdot g(\tau) \, d\tau,$$

falls das Integral für alle $t \in I$ existiert; hierbei denken wir uns f und g außerhalb von I durch die Nullfunktion fortgesetzt.   ◀

■ **Satz**

1. Seien $f, g \colon \mathbb{R} \to \mathbb{C}$ Schwartz'sche Funktionen. Dann existiert $f * g$, und $f * g$ ist eine Schwartz'sche Funktion.

2. Seien $f, g \colon [0, \infty[\, \to \mathbb{C}$ stückweise stetige Funktionen. Dann ist

$$(f * g)(t) = \int_{0}^{t} f(t - \tau) \cdot g(\tau) \, d\tau$$

   für alle $t \geq 0$.

3. Seien $f, g \colon [0, \infty[\, \to \mathbb{C}$ stückweise stetige Funktionen. Dann existiert $f * g$, und $f * g$ ist stetig. Wenn f und g von exponentieller Ordnung sind, so ist auch $f * g$ von exponentieller Ordnung.

Beweis: Wir kümmern uns hier nicht um den ersten Punkt und bemerken zum zweiten, dass mit der Fortsetzung $f(t) = g(t) = 0$ für alle $t < 0$ das Faltungsintegral in Wirklichkeit kein uneigentliches Integral ist, denn der Integrand verschwindet für alle τ außerhalb des Intervalls $[0, t]$, sodass

$$(f * g)(t) = \int_{0}^{t} f(t - \tau) \cdot g(\tau) \, d\tau$$

für alle $t \geq 0$ gilt. Außerdem ist das Produkt stückweise stetiger Funktionen wieder stückweise stetig und somit integrierbar. Zu Punkt 3 bleiben wir den Nachweis, dass $f * g$ stetig ist, schuldig. Seien nun $C_1, C_2, \gamma_1, \gamma_2$ so, dass $|f(t)| < C_1 e^{\gamma_1 t}$ und $|g(t)| < C_2 e^{\gamma_2 t}$ für alle $t \geq 0$. Dann gilt

$$|(f * g)(t)| = \left| \int_{0}^{t} f(t - \tau) \cdot g(\tau) \, d\tau \right|$$

$$\leq \int_{0}^{t} |f(t - \tau)| \cdot |g(\tau)| \, d\tau$$

$$\leq \int_{0}^{t} C_1 e^{\gamma_1 (t - \tau)} \cdot C_2 e^{\gamma_2 \tau} \, d\tau$$

$$= C_1 C_2 e^{\gamma_1 t} \int_0^t e^{(\gamma_2 - \gamma_1)\tau} \, d\tau$$

$$\leq C_1 C_2 e^{\gamma_1 t} t e^{|\gamma_2 - \gamma_1|t}$$

$$< C_1 C_2 e^{\gamma_1 t} e^t e^{|\gamma_2 - \gamma_1|t}$$

$$= C_1 C_2 e^{(\gamma_1 + |\gamma_2 - \gamma_1| + 1)t}.$$

Wählen wir $C = C_1 C_2$ und $\gamma = \gamma_1 + |\gamma_2 - \gamma_1| + 1$, so ergibt sich $|(f * g)(t)| < C e^{\gamma t}$.
■

■ Satz

Seien $f, g, h \colon \mathbb{R} \to \mathbb{C}$ Schwartz'sche Funktionen, oder seien $f, g, h \colon [0, \infty[\to \mathbb{C}$ stückweise stetige Funktionen. Dann gilt:

1. $f * g = g * f$,

2. $f * (g * h) = (f * g) * h$,

3. $f * (g + h) = f * g + f * h$,

4. Wenn f und g stetig sind und $f * g = 0$ gilt, so ist $f = 0$ oder $g = 0$.

Beweis: Wir zeigen exemplarisch die erste Eigenschaft. Für alle $t, a, b \in \mathbb{R}$ haben wir mit der Substitution $u = t - \tau$:

$$\int_a^b f(t - \tau) \cdot g(\tau) \, d\tau = -\int_{t-a}^{t-b} g(t - u) \cdot f(u) \, du = \int_{t-b}^{t-a} g(t - u) \cdot f(u) \, du.$$

Dies gilt für stetige f, g; hat der Integrand im Intervall zwischen a und b die Unstetigkeitsstellen $s_1 < \ldots < s_{n-1}$, so ergibt sich mit $s_0 := a$ und $s_n := b$ dieselbe Formel:

$$\int_a^b f(t - \tau) \cdot g(\tau) \, d\tau = \sum_{k=0}^{n-1} \int_{s_k}^{s_{k+1}} f(t - \tau) \cdot g(\tau) \, d\tau$$

$$= \sum_{k=0}^{n-1} \int_{t-s_{k+1}}^{t-s_k} g(t - u) \cdot f(u) \, du$$

$$= \int_{t-b}^{t-a} g(t - u) \cdot f(u) \, du.$$

Damit ergibt sich:

$$(f * g)(t) = \int_{-\infty}^{\infty} f(t - \tau) \cdot g(\tau) \, d\tau$$

$$= \lim_{r_1 \to -\infty} \int_{r_1}^0 f(t - \tau) \cdot g(\tau) \, d\tau + \lim_{r_2 \to \infty} \int_0^{r_2} f(t - \tau) \cdot g(\tau) \, d\tau$$

$$= \lim_{r_1 \to -\infty} \int_t^{t-r_1} g(t-u) \cdot f(u)\, du + \lim_{r_2 \to \infty} \int_{t-r_2}^{t} g(t-u) \cdot f(u)\, du$$

$$= \lim_{r_1^* \to \infty} \int_t^{r_1^*} g(t-u) \cdot f(u)\, du + \lim_{r_2^* \to -\infty} \int_{r_2^*}^{t} g(t-u) \cdot f(u)\, du$$

$$= \int_{-\infty}^{\infty} g(t-u) \cdot f(u)\, du$$

$$= (g * f)(t)$$

$\blacksquare$

Faltungssatz

■ <u>Satz</u>

1. Seien $f, g\colon \mathbb{R} \to \mathbb{C}$ Schwartz'sche Funktionen. Dann gilt

$$\mathcal{F}[f * g](\omega) = \sqrt{2\pi}\, \mathcal{F}[f](\omega) \cdot \mathcal{F}[g](\omega)$$

für alle $\omega \in \mathbb{R}$.

2. Seien $f, g\colon [0, \infty[\to \mathbb{C}$ stückweise stetige Funktionen von exponentieller Ordnung. Dann gilt

$$\mathcal{L}[f * g](s) = \mathcal{L}[f](s) \cdot \mathcal{L}[g](s)$$

für alle $s \in \mathbb{C}$ mit hinreichend großem Realteil.

Beweis: Wir zeigen die zweite Behauptung. Zunächst einmal haben wir mit der Substitution $u(t) = t - \tau$:

$$\mathcal{L}[f](s) \cdot \mathcal{L}[g](s) = \left(\int_0^\infty e^{-su} f(u)\, du \right) \cdot \left(\int_0^\infty e^{-s\tau} g(\tau)\, d\tau \right)$$

$$= \int_0^\infty \left(\int_0^\infty e^{-s(u+\tau)} f(u) g(\tau)\, du \right) d\tau$$

$$= \int_0^\infty \left(\int_\tau^\infty e^{-st} f(t-\tau) g(\tau)\, dt \right) d\tau.$$

Betrachten wir nun in der t-τ-Ebene das zweidimensionale Integral einer Funktion $h(t, \tau)$ über der Menge $\Delta := \{(t, \tau) \mid 0 \leq \tau \leq t,\ t \in [0, \infty[\,\}$.
Dieses können wir einerseits berechnen über

$$\iint_\Delta h(t, \tau)\, dt\, d\tau = \int_0^\infty \left(\int_0^t h(t, \tau)\, d\tau \right) dt.$$

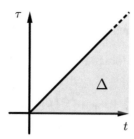

Abbildung 10.3: Integrationsbereich von h

Wir können aber auch die Rollen von τ und t vertauschen: $\Delta = \{(t,\tau) \mid \tau \leq t < \infty, \tau \in [0,\infty[\}$, also

$$\iint_\Delta h(t,\tau)\,dt d\tau = \int_0^\infty \left(\int_\tau^\infty h(t,\tau)\,dt\right) d\tau$$

Jetzt können wir obige Rechnung fortführen:

$$
\begin{aligned}
\mathcal{L}[f](s) \cdot \mathcal{L}[g](s) &= \int_0^\infty \left(\int_\tau^\infty e^{-st} f(t-\tau)g(\tau)\,dt\right) d\tau \\
&= \iint_\Delta e^{-st} f(t-\tau)g(\tau)\,dt d\tau \\
&= \int_0^\infty \left(\int_0^t e^{-st} f(t-\tau)g(\tau)\,d\tau\right) dt \\
&= \int_0^\infty \left(\int_0^t f(t-\tau)g(\tau)\,d\tau\right) e^{-st}\,dt \\
&= \int_0^\infty (f*g)(t)e^{-st}\,dt \\
&= \mathcal{L}[f*g](s). \qquad\qquad \blacksquare
\end{aligned}
$$

Beispiel

Wir betrachten das folgende Anfangswertproblem, welches wir nach der Unbekannten $x\colon [0,\infty[\to \mathbb{C}$ lösen möchten:

$$x^{(n)}(t) + a_{n-1}x^{(n-1)}(t) + \ldots + a_0 x(t) = b(t) \text{ für alle } t \geq 0,$$
$$x(0) = x'(0) = \cdots = x^{(n-1)}(0) = 0.$$

Die Inhomogenität $b\colon [0,\infty[\to \mathbb{C}$ setzen wir als stetig und von exponentieller Ordnung voraus; die Koeffizienten $a_0,\ldots,a_{n-1} \in \mathbb{R}$ als konstant. Nach dem Satz über die Ableitung der Laplace-Transformation gilt für eine Lösung x der Anfangswertbedingung und alle $k \in \{0,\ldots,n\}$:

$$\mathcal{L}[x^{(k)}](s) = s^k \mathcal{L}[x](s) - s^{k-1}x(0) - s^{k-2}x'(0) - \ldots - x^{(k-1)}(0) = s^k \mathcal{L}[x](s)$$

für alle $s \in \mathbb{C}$ mit hinreichend großem Realteil. Durch Transformation der Differenzialgleichung ergibt sich somit:

$$\mathcal{L}[b](s) = \mathcal{L}[x^{(n)} + a_{n-1}x^{(n-1)} + \ldots + a_0 x](s)$$
$$= \mathcal{L}[x^{(n)}](s) + a_{n-1}\mathcal{L}[x^{(n-1)}](s) + \ldots + a_0\mathcal{L}[x](s)$$
$$= s^n \mathcal{L}[x](s) + a_{n-1}s^{n-1}\mathcal{L}[x](s) + \ldots + a_0\mathcal{L}[x](s)$$
$$= (s^n + a_{n-1}s^{n-1} + \ldots + a_0)\mathcal{L}[x](s),$$

folglich

$$\mathcal{L}[x](s) = \frac{\mathcal{L}[b](s)}{s^n + a_{n-1}s^{n-1} + \ldots + a_0}.$$

Sei nun $G \colon [0, \infty[\to \mathbb{C}$ die (glatte) Funktion mit

$$\mathcal{L}[G](s) = \frac{1}{s^n + a_{n-1}s^{n-1} + \ldots + a_0}.$$

(Diese können durch Partialbruchzerlegung und Rücktransformation finden.) Dann haben wir nach dem Faltungssatz

$$\mathcal{L}[x](s) = \mathcal{L}[G](s) \cdot \mathcal{L}[b](s) = \mathcal{L}[G * b](s),$$

und somit schließlich durch Rücktransformation

$$x = G * b.$$

Beispiel

Als etwas konkreteres Beispiel sehen wir uns einen harmonischen Schwinger (Federpendel usw.) mit Eigenfrequenz $\omega > 0$ an:

$$x''(t) + \omega^2 x(t) = b(t), \; x'(0) = x(0) = 0.$$

In diesem Fall ergibt sich

$$\mathcal{L}[G](s) = \frac{1}{s^2 + \omega^2}, \; \text{folglich } G(t) = \frac{1}{\omega}\sin(\omega t).$$

Findet keine äußere Anregung statt, d.h. ist $b = 0$, so ist die Lösung des Anfangswertproblems gegeben durch $x = G * 0 = 0$. Dies war zu erwarten, da der Schwinger dann bewegungslos in der Ruhelage verbleiben sollte.

Betrachten wir speziell eine harmonische Anregung $b(t) = \sin(\Omega t)$ mit Frequenz $\Omega > 0$, so ergibt sich als Lösung:

$$x(t) = (G * b)(t)$$
$$= \int_0^t G(t - \tau)b(\tau)\,d\tau$$
$$= \frac{1}{\omega}\int_0^t \sin(\omega(t - \tau))\sin(\Omega\tau)\,d\tau,$$

und nach etwas Integralrechnung

$$x(t) = \begin{cases} \frac{1}{\omega(\Omega^2-\omega^2)}(\Omega\sin(\omega t) - \omega\sin(\Omega t)) & \text{für } \Omega \neq \omega, \\ \frac{1}{2\omega^2}(\sin(\omega t) - \omega t\cos(\omega t)) & \text{für } \Omega = \omega. \end{cases}$$

Erläuterung

Die Funktion G wird auch Green'sche Funktion genannt, in manchen Anwendungen der Physik Propagator; in der Signalverarbeitung heißt $\mathcal{L}[G]$ Übertragungsfunktion.

Die praktische Bedeutung des Konzepts kann gar nicht genug betont werden: Bei bekannter Green-Funktion kann die Lösung des Anfangswertproblems für jede beliebige äußere Anregung durch eine Faltung berechnet werden; wir haben dann eine geschlossene Lösungsformel.

Diskrete Fourier-Transformation

▶ **Definition**
Die diskrete Fourier-Transformation (kurz: DFT) von $x = (x_0, \ldots, x_{N-1}) \in \mathbb{C}^N$ ist gegeben durch:

$$x \mapsto \widehat{x} \in \mathbb{C}^N, \quad \widehat{x}_k = \frac{1}{\sqrt{N}} \sum_{n=0}^{N-1} x_n e^{-i2\pi\frac{kn}{N}}$$

für $k \in \{0, \ldots, N-1\}$.   ◀

Beispiel

Wir betrachten als zu transformierende Signale $s_0 = (1,0)$ und $s_1 = (0,1)$. Daraus erhalten wir mit $k, l \in \{0,1\}$:

$$(\widehat{s}_l)_k = \frac{1}{\sqrt{2}} \sum_{n=0}^{1} (s_l)_n e^{-i2\pi\frac{kn}{2}} = \frac{1}{\sqrt{2}}\left((s_l)_0 + (s_l)_1 e^{-i\pi k}\right)$$

und folglich

$$(\widehat{s}_0)_0 = \frac{1}{\sqrt{2}}\left((s_0)_0 + (s_0)_1 e^{-i\pi\cdot 0}\right) = \frac{1}{\sqrt{2}},$$

$$(\widehat{s}_0)_1 = \frac{1}{\sqrt{2}}\left((s_0)_0 + (s_0)_1 e^{-i\pi\cdot 1}\right) = \frac{1}{\sqrt{2}},$$

$$(\widehat{s}_1)_0 = \frac{1}{\sqrt{2}}\left((s_1)_0 + (s_1)_1 e^{-i\pi\cdot 0}\right) = \frac{1}{\sqrt{2}}e^0 = \frac{1}{\sqrt{2}},$$

$$(\widehat{s}_1)_1 = \frac{1}{\sqrt{2}}\left((s_1)_0 + (s_1)_1 e^{-i\pi\cdot 1}\right) = \frac{1}{\sqrt{2}}e^{-i\pi} = -\frac{1}{\sqrt{2}}.$$

Unsere Ursprungsvektoren $(1,0)$ und $(0,1)$ wurden also (durch einen Basiswechsel) in $\frac{1}{\sqrt{2}}(1,1)$ und $\frac{1}{\sqrt{2}}(1,-1)$ überführt.

Ausblick

An der Fourier-Transformierten eines Tons (also eines Signals) können wir die verschiedenen Frequenzen erkennen, die diesen ausmachen. Dies wird z. B. für die maschinelle Erkennung von Musikinstrumenten verwendet. Daher können wir uns gut vorstellen, dass in unserem Hörsystem auch eine Fourier-Transformation am Werk ist.

Oft kann gerade nicht davon ausgegangen werden, dass Signale in kontinuierlicher Form vorliegen, z. B. bei der heute üblichen digitalen Verarbeitung, bei der wir mit diskreten Daten konfrontiert sind. Dies macht die DFT im aktuellen Kontext bedeutsam, und auch bei der Bildverarbeitung wird sie entsprechend erfolgreich angewendet.

Selbsttest

I. Welche Funktionen $f \colon \mathbb{R} \to \mathbb{C}$ sind Schwartz'sche Funktionen?

(1) $f(t) := e^{at}$ für $a \in \mathbb{C}$ (5) $f(t) := \cos(t)$

(2) $f(t) := e^{at^2}$ für $\operatorname{Re}(a) < 0$ (6) $f(t) := a$ für $0 \neq a \in \mathbb{C}$

(3) $f(t) := te^{at^2}$ für $\operatorname{Re}(a) < 0$ (7) $f(t) := t^n$ für $n \in \mathbb{N}$

(4) $f(t) := \sin(t)$

II. Seien $f, g \colon [0, \infty[\to \mathbb{C}$ stückweise stetige Funktionen und seien weiterhin $\widetilde{f}, \widetilde{g} \colon [0, \infty[\to \mathbb{C}$ definiert durch

$$\widetilde{f}(t) := f(-t), \quad \widetilde{g}(t) := g(-t) \quad \text{für alle } t \in [0, \infty[.$$

Welche der folgenden Aussagen gilt dann für die Faltung?

(1) $(\widetilde{f} * \widetilde{g})(t) = (f * g)(t)$

(2) $(\widetilde{f} * \widetilde{g})(t) = -(f * g)(t)$

(3) $(\widetilde{f} * \widetilde{g})(t) = (f * g)(-t)$

(4) $(\widetilde{f} * g)(t) = (f * \widetilde{g})(t) = (f * g)(-t)$

III. Sei $f \colon \mathbb{R} \to \mathbb{C}$ eine Schwartz'sche Funktion. Seien weiter $f_{t_0}, \widetilde{f}_a \colon \mathbb{R} \to \mathbb{C}$ definiert durch $f_{t_0}(t) := f(t - t_0)$ bzw. $\widetilde{f}_a(t) := f(\frac{t}{a})$ für $t_0, a \in \mathbb{R}$, $a \neq 0$. Welche Gleichungen gelten dann für alle $\omega \in \mathbb{R}$?

(1) $\mathcal{F}[f * f](\omega) = \sqrt{2\pi} \, (\mathcal{F}[f](\omega))^2$

(2) $\mathcal{F}[f' * f](\omega) = i\omega \, \mathcal{F}[f * f](\omega)$

(3) $\mathcal{F}[f_{t_0} * f](\omega) = e^{-i\omega t_0} \, \mathcal{F}[f * f](\omega)$

(4) $\mathcal{F}[\widetilde{f}_a * f](\omega) = |a| \, \mathcal{F}[f * f](\omega)$

11 Banach- und Hilbert-Räume

Einblick

Einen der wichtigsten physikalischen Anwendungsbereiche der Funktionalanalysis stellt die Quantenmechanik dar. So sind z. B. die Lösungen der stationären Schrödinger-Gleichung

$$-\frac{\triangle \psi}{2m} + V\psi = E\psi$$

für eine Wellenfunktion $\psi\colon \mathbb{R}^3 \stackrel{\circ}{\supseteq} U \to \mathbb{C}$ mit Potenzial $V\colon U \to \mathbb{R}$ zum Energieeigenwert $E \in \mathbb{R}$ gerade die Eigenfunktionen des sog. Hamilton-Operators $H = -\frac{\triangle}{2m} + V$. Auf diese Weise kann z. B. das Spektrum des Wasserstoffatoms berechnet werden.

Wichtige Operatoren lernten wir bereits durch die Integraltransformationen kennen, hier die Laplace- und Fourier-Transformation.

Operatoren werden uns in diesem Kapitel allgemeiner begegnen, gleichfalls bedeutende ihrer Lebensräume. Hier treffen wir dann auf Banach- und Hilbert-Räume, die bereits bekannte Begriffe in sich vereinen und wesentlich für das hier behandelte Gebiet sind.

Grundlagen

▶ **Definition**
Einen normierten (reellen oder komplexen) Vektorraum, in welchem jede Cauchy-Folge konvergiert, nennen wir vollständig oder einen Banach-Raum.   ◀

Erläuterung
Der Begriff einer Cauchy-Folge in einem normierten Vektorraum $(V, \|\cdot\|)$ ist völlig analog zu dem aus der elementaren Analysis bekannten: Eine Folge (x_k) mit Werten in V heißt Cauchy'sch, wenn für alle $\varepsilon > 0$ ein $N \in \mathbb{N}$ existiert, sodass $\|x_n - x_m\| < \varepsilon$ für alle $n, m \geq N$ gilt.

Beispiel
$(\mathbb{R}, |\cdot|)$ und $(\mathbb{C}, |\cdot|)$, wobei $|\cdot|$ der übliche Betrag ist, sind Banach-Räume.

© Springer-Verlag GmbH Deutschland, ein Teil von Springer Nature 2023
M. Scherfner und T. Volland, *Mathematik für das Bachelorstudium III*,
https://doi.org/10.1007/978-3-8274-2558-4_11

■ Satz

Sei $I = [a,b] \subset \mathbb{R}$ ein abgeschlossenes Intervall und $\|f\|_\infty := \sup_{x \in I} |f(x)|$ (Supremumsnorm) für alle $f \in C^0(I, \mathbb{R})$. Dann ist $(C^0(I, \mathbb{R}), \|\cdot\|_\infty)$ ein Banach-Raum.

Beweis: Da stetige Funktionen auf abgeschlossenen Intervallen ihr Maximum annehmen, dürfen wir hier auch $\|f\|_\infty = \max_{x \in I} |f(x)|$ schreiben; $\|\cdot\|_\infty$ nimmt deshalb nur endliche Werte an und ist auch tatsächlich eine Norm. Sei (f_k) eine Cauchy-Folge in $C^0(I, \mathbb{R})$. Zunächst einmal gilt für alle $\tilde{x} \in I$, dass die Folge reeller Zahlen $(f_k(\tilde{x}))$ konvergiert, denn es gilt

$$0 \leq |f_n(\tilde{x}) - f_m(\tilde{x})| \leq \sup_{x \in I} |f_n(x) - f_m(x)| = \|f_n - f_m\|_\infty$$

für alle $m, n \in \mathbb{N}$, und $\mathbb{R}$ ist vollständig. Wir können deshalb eine Grenzfunktion als den punktweisen Limes definieren: $f(x) := \lim_{k \to \infty} f_k(x)$ für alle $x \in I$.

Als nächstes müssen wir zeigen, dass die so definierte Funktion f auch die Grenzfunktion von (f_k) im Sinne der Supremumsnorm ist. Sei hierzu $\varepsilon > 0$. Wir können ein $N \in \mathbb{N}$ so wählen, dass $\|f_n - f_N\|_\infty < \frac{\varepsilon}{2}$ für alle $n \geq N$ gilt. Damit ergibt sich

$$\begin{aligned}
\|f - f_N\|_\infty &= \sup_{x \in I} |f(x) - f_N(x)| \\
&= \sup_{x \in I} \lim_{n \to \infty} |f_n(x) - f_N(x)| \\
&\leq \sup_{x \in I} \sup_{n \geq N} |f_n(x) - f_N(x)| \\
&= \sup_{n \geq N} \|f_n - f_N\|_\infty \leq \frac{\varepsilon}{2} < \varepsilon.
\end{aligned}$$

Schließlich muss nachgewiesen werden, dass f ein Element von $C^0(I, \mathbb{R})$, also stetig, ist. Seien hierzu $x, y \in I$ und $\varepsilon > 0$. Wir wollen ein $\delta > 0$ finden, sodass $|f(x) - f(y)| < \varepsilon$ gilt, falls $|x - y| < \delta$ vorliegt. Sei $n \in \mathbb{N}$ so, dass $\|f - f_n\|_\infty < \frac{\varepsilon}{3}$. Da die f_n gleichmäßig stetig sind, können wir darüber hinaus ein δ finden, sodass $|f_n(x) - f_n(y)| < \frac{\varepsilon}{3}$ gilt, falls $|x - y| < \delta$ vorliegt; in diesem Fall haben wir auch

$$\begin{aligned}
|f(x) - f(y)| &\leq |f(x) - f_n(x)| + |f_n(x) - f_n(y)| + |f_n(y) - f(y)| \\
&< \frac{\varepsilon}{3} + \frac{\varepsilon}{3} + \frac{\varepsilon}{3} = \varepsilon. \qquad\blacksquare
\end{aligned}$$

Erläuterung

In jedem normierten $\mathbb{K}$-Vektorraum (wie bereits zuvor ist $\mathbb{K} = \mathbb{R}$ oder $\mathbb{K} = \mathbb{C}$) gilt, dass eine konvergente Folge stets Cauchy'sch ist. Die Umkehrung gilt zwar auch immer in endlichdimensionalen Räumen, in unendlichdimensionalen Räumen ist dies jedoch nicht immer der Fall.

Beispiel

Der normierte Raum $(C^0(I, \mathbb{R}), \|\cdot\|_1)$ mit $I = [-1, 1]$ und

$$\|f\|_1 := \int_{-1}^{1} |f(x)| dx$$

ist nicht vollständig. Dies machen wir uns am Beispiel der in Abb. 11.1 skizzierten Funktionenfolge (f_n), $n > 0$ mit

$$f_n(x) := \begin{cases} -1 & \text{für } -1 \leq x \leq -\frac{1}{n} \\ nx & \text{für } -\frac{1}{n} < x < \frac{1}{n} \\ +1 & \text{für } \frac{1}{n} \leq x \leq 1 \end{cases}$$

klar, welche bzgl. $\|\cdot\|_1$ Cauchy'sch ist, da für $n \leq m$

$$\|f_n - f_m\|_1 = \int_{-\frac{1}{n}}^{\frac{1}{n}} |f_n(x) - f_m(x)| dx < \int_{-\frac{1}{n}}^{\frac{1}{n}} 1 dx = \frac{2}{n}.$$

Hierbei haben wir genutzt, dass $f_n(x)$ und $f_m(x)$ für $|x| > \frac{1}{n}$ entweder beide -1 oder beide $+1$ sind.
Eine stetige Grenzfunktion f müsste für jedes $n > 0$

$$f(x) = \begin{cases} -1 & \text{für } -1 \leq x \leq -\frac{1}{n} \\ +1 & \text{für } \frac{1}{n} \leq x \leq 1 \end{cases}$$

erfüllen und hätte damit unterschiedliche links- und rechtsseitige Grenzwerte in $x = 0$, was der Stetigkeit widerspricht. Es gibt also keine Grenzfunktion aus $(C^0(I, \mathbb{R}), \|\cdot\|_1)$.

Erläuterung

Wir sehen also an diesem Beispiel, dass nicht wirklich alle Sachverhalte aus der endlichdimensionalen Analysis auch in unendlichdimensionalen Räumen gelten.

▶ Definition
Einen Vektorraum mit Skalarprodukt, der bzgl. der durch das Skalarprodukt induzierten Norm vollständig ist, nennen wir einen Hilbert-Raum.   ◀

Beispiel

$(\mathbb{R}^n, \langle \cdot, \cdot \rangle)$ und $(\mathbb{C}^n, \langle \cdot, \cdot \rangle)$ mit dem üblichen Skalarprodukt $\langle \cdot, \cdot \rangle$ sind Hilbert-Räume.

Beispiel

Wir führen noch ein Beispiel an, um zu illustrieren, dass nicht alle Erkenntnisse aus dem Endlichdimensionalen (hier der Linearen Algebra) unbekümmert auf

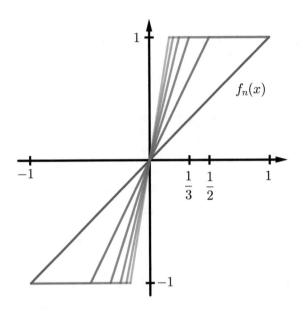

Abbildung 11.1: Eine Cauchy-Folge von Funktionen in $(C^0([-1,1],\mathbb{R}), \|\cdot\|_1)$, die (zumindest) in diesem Vektorraum nicht konvergiert

das Unendlichdimensionale (die Funktionalanalysis) übertragen werden kön-nen. Eine lineare Abbildung $L\colon V \to W \supset V$ kann für endlichdimensionale Vektorräume V, W nicht surjektiv sein (es gilt also nicht Bild $L = W$), falls V ein echter Teilraum von W ist, denn es gilt ja der Dimensionssatz:

$$\dim \operatorname{Bild} L = \dim V - \dim \operatorname{Kern} L \le \dim V < \dim W.$$

Im Gegensatz dazu betrachten wir im unendlichdimensionalen Fall die Diffe-renziation als lineare Abbildung von $C^1([a,b],\mathbb{R})$ nach $C^0([a,b],\mathbb{R})$:

$$\frac{d}{dx}\colon C^1([a,b],\mathbb{R}) \to C^0([a,b],\mathbb{R}), \ f \mapsto f'.$$

Sicher ist $C^1([a,b],\mathbb{R})$ ein Teilraum von $C^0([a,b],\mathbb{R})$, denn jede stetig differen-zierbare Funktion ist stetig. Er ist auch ein echter Teilraum, denn wir kennen Beispiele von stetigen, jedoch nicht differenzierbaren Funktionen. Dennoch ist $\frac{d}{dx}$ eine surjektive Abbildung, denn jede stetige Funktion besitzt ja nach dem Hauptsatz der Differenzial- und Integralrechnung eine stetig differenzierbare Stammfunktion.

Die folgende wichtige Ungleichung ist jedoch auch im unendlichdimensionalen Fall wahr:

■ **Satz**

Sei $(V, \langle \cdot, \cdot \rangle)$ ein euklidischer oder unitärer Vektorraum mit induzierter Norm $\| \cdot \|$. Dann gilt die Cauchy-Schwarz'sche Ungleichung

$$|\langle u, v \rangle| \le \|u\| \|v\|$$

für alle $u, v \in V$.

■ **Satz**

Seien für alle $i \in \{0, \ldots, n\}$ die Zahlen $a_i, b_i \in \mathbb{C}$ gegeben, ferner $p, q \in \mathbb{R}$.

1. Für $p, q > 1$ mit $\frac{1}{p} + \frac{1}{q} = 1$ gilt die Hölder'sche Ungleichung:

$$\sum_{k=0}^{n} |a_k b_k| \le \left(\sum_{k=0}^{n} |a_k|^p \right)^{\frac{1}{p}} \left(\sum_{k=0}^{n} |b_k|^q \right)^{\frac{1}{q}} .$$

2. Für $p \ge 1$ gilt die Minkowski'sche Ungleichung:

$$\left(\sum_{k=0}^{n} |a_k + b_k|^p \right)^{\frac{1}{p}} \le \left(\sum_{k=0}^{n} |a_k|^p \right)^{\frac{1}{p}} + \left(\sum_{k=0}^{n} |b_k|^p \right)^{\frac{1}{p}} .$$

▶ **Definition**

Sei wie zuvor entweder $\mathbb{K} = \mathbb{R}$ oder $\mathbb{K} = \mathbb{C}$. Wir definieren den $\mathbb{K}$-Vektorraum aller Folgen mit Werten in $\mathbb{K}$:

$$\mathfrak{F} = \{ (x_i)_{i \in \mathbb{N}} = (x_0, x_1, x_2, \ldots) \mid x_i \in \mathbb{K} \text{ für alle } i \in \mathbb{N} \},$$

zusammen mit der üblichen Addition und Multiplikation mit Skalaren aus $\mathbb{K}$.

Darüber hinaus erklären wir für jedes $p \in \mathbb{N}$ mit $p \ge 1$ die folgende Teilmenge von $\mathfrak{F}$:

$$\ell^p = \left\{ (x_i) \in \mathfrak{F} \ \middle| \ \sum_{i=0}^{\infty} |x_i|^p \text{ ist konvergent} \right\}$$

Außerdem betrachten wir für alle $(x_i) \in \ell^p$:

$$\|(x_i)\|_{\ell^p} := \left(\sum_{i=0}^{\infty} |x_i|^p \right)^{\frac{1}{p}} \qquad \blacktriangleleft$$

■ **Satz**

Sei $p \in \mathbb{N}$ mit $p \ge 1$. Dann ist ℓ^p ein Untervektorraum von $\mathfrak{F}$ und $\| \cdot \|_{\ell^p}$ eine Norm auf ℓ^p.

Beweis: Die Nullfolge $(0,0,0,\ldots)$ ist sicher in ℓ^p enthalten, folglich ist ℓ^p nicht die leere Menge. Seien im Folgenden $(x_i),(y_i) \in \ell^p$; per Definition ist $(\|(x_i)\|_{\ell^p})^p = \sum_{k=0}^{\infty} |x_k|^p$ immer endlich, sodass $\|\cdot\|_{\ell^p}$ eine wohldefinierte Abbildung von ℓ^p nach $[0,\infty[\subset \mathbb{R}$ darstellt. Nach der Minkowski'schen Ungleichung gilt für alle $n \in \mathbb{N}$:

$$
\sum_{k=0}^{n} |x_k + y_k|^p \leq \left(\left(\sum_{k=0}^{n} |x_k|^p \right)^{\frac{1}{p}} + \left(\sum_{k=0}^{n} |y_k|^p \right)^{\frac{1}{p}} \right)^p
$$
$$
\leq \left(\left(\sum_{k=0}^{\infty} |x_k|^p \right)^{\frac{1}{p}} + \left(\sum_{k=0}^{\infty} |y_k|^p \right)^{\frac{1}{p}} \right)^p
$$
$$
= (\|(x_i)\|_{\ell^p} + \|(y_i)\|_{\ell^p})^p.
$$

Dies zeigt, dass die Reihe $\sum_{k=0}^{\infty} |x_k + y_k|^p$ konvergent ist (die Folge der Partialsummen ist monoton wachsend und beschränkt) – folglich gilt $(x_i + y_i) \in \ell^p$. Im Grenzwert $n \to \infty$ zeigt dies außerdem die Dreiecksungleichung (nach Ziehen der p-ten Wurzel):

$$
\|(x_i + y_i)\|_{\ell^p} \leq \|(x_i)\|_{\ell^p} + \|(y_i)\|_{\ell^p}.
$$

Darüber hinaus gilt für alle $\lambda \in \mathbb{K}$:

$$
|\lambda| \cdot \left(\sum_{k=0}^{\infty} |x_k|^p \right)^{\frac{1}{p}} = \left(\sum_{k=0}^{\infty} |\lambda x_k|^p \right)^{\frac{1}{p}}.
$$

Dies zeigt, dass mit (x_i) auch stets (λx_i) in ℓ^p enthalten ist – und darüber hinaus, dass

$$
\|\lambda \cdot (x_i)\|_{\ell^p} = |\lambda| \cdot \|(x_i)\|_{\ell^p}
$$

gilt. Schließlich ist nicht so schwer zu sehen, dass wir auch $\|(x_i)\|_{\ell^p} = 0 \Leftrightarrow (x_i) = 0$ haben. Damit sind alle Teilraumeigenschaften von ℓ^p und Normeigenschaften von $\|\cdot\|_{\ell^p}$ bewiesen. ∎

Erläuterung

In gewissem Sinne (und mit einiger Vorsicht) kann $\mathfrak{F}$ als eine Art „$\mathbb{K}^\infty$" angesehen werden. Deshalb werden wir auch einfach u für ein Element $(u_i)_{i \in \mathbb{N}}$ aus $\mathfrak{F}$ schreiben; die Folgenglieder $u_0, u_1, u_2, \ldots$ sind quasi die „Komponenten" von u.

Für praktische Zwecke ist $\mathfrak{F}$ jedoch „zu groß" und daher nicht „pflegeleicht" genug – deshalb betrachten wir die Teilräume ℓ^p, auf denen wir wenigstens eine Norm zur Verfügung haben. Wir werden sehen, dass der Fall $p = 2$ von besonderer Bedeutung ist – in diesem Falle ist die Norm durch ein Skalarprodukt gegeben.

Hilbert-Raum ℓ^2 der quadratsummierbaren Folgen

■ <u>Satz</u>

Die Abbildung $\langle \cdot, \cdot \rangle \colon \ell^2 \times \ell^2 \to \mathbb{K}$ mit

$$\langle u, v \rangle = \sum_{k=0}^{\infty} \bar{u}_k v_k$$

für alle $u, v \in \ell^2$ ist ein Skalarprodukt.

Ferner ist die ℓ^2-Norm mit diesem Skalarprodukt kompatibel, d. h. es gilt

$$\|u\|_{\ell^2} = \sqrt{\langle u, u \rangle}$$

für alle $u \in \ell^2$.

Beweis: Die Skalarprodukteigenschaften können genauso gezeigt werden wie im Fall des Standardskalarprodukts von $\mathbb{C}^n$. Offen bleibt nur, ob die Abbildung auch wirklich wohldefiniert ist, d. h. ob $\sum_{k=0}^{\infty} \bar{u}_k v_k$ konvergiert. Wir benutzen hierzu die Hölder-Ungleichung für den Fall $p = q = 2$:

$$\sum_{k=0}^{n} |\bar{u}_k v_k| = \sum_{k=0}^{n} |u_k v_k|$$

$$\leq \left(\sum_{k=0}^{n} |u_k|^2 \right)^{\frac{1}{2}} \left(\sum_{k=0}^{n} |v_k|^2 \right)^{\frac{1}{2}}$$

$$\leq \|u\|_{\ell^2} \|v\|_{\ell^2}.$$

Die Folge der Partialsummen von $\sum_{k=0}^{\infty} |\bar{u}_k v_k|$ ist somit monoton wachsend und beschränkt. Dies impliziert, dass $\sum_{k=0}^{\infty} \bar{u}_k v_k$ absolut konvergent ist.

Dass $\| \cdot \|_{\ell^2}$ durch $\langle \cdot, \cdot \rangle$ induziert wird, ist durch einen Vergleich der entsprechenden Ausdrücke nicht schwer einzusehen. ∎

■ <u>Satz</u>

Der unitäre ($\mathbb{K} = \mathbb{C}$) bzw. euklidische ($\mathbb{K} = \mathbb{R}$) Vektorraum $(\ell^2, \langle \cdot, \cdot \rangle)$ ist vollständig bzgl. der vom Skalarprodukt induzierten Norm.

Beweis: Sei $p \in \mathbb{N}$, $p \geq 1$ und $(x^{(i)})_{i \in \mathbb{N}}$ eine Cauchy-Folge mit Werten in ℓ^p und $\varepsilon > 0$. Wir können daher ein $N \in \mathbb{N}$ finden, sodass für alle $m, n \in \mathbb{N}$ mit $m, n \geq N$ gilt, dass $\|x^{(m)} - x^{(n)}\|_{\ell^p} < \varepsilon$. Für festes $i \in \mathbb{N}$ ist $x^{(i)}$ selbst wieder eine Folge von Zahlen: $x^{(i)} = (x_j^{(i)})_{j \in \mathbb{N}}$. Es ergibt sich für ein fest gewähltes $j \in \mathbb{N}$ und alle $m, n \geq N$:

$$|x_j^{(m)} - x_j^{(n)}|^p \leq \sum_{k=0}^{\infty} |x_k^{(m)} - x_k^{(n)}|^p = (\|x^{(m)} - x^{(n)}\|_{\ell^p})^p < \varepsilon^p.$$

Folglich ist $(x_j^{(i)})_{i \in \mathbb{N}}$ eine Cauchy-Folge von Zahlen, und wir können daher für jedes $j \in \mathbb{N}$ den Grenzwert

$$a_j := \lim_{k \to \infty} x_j^{(k)}$$

definieren.

Als nächstes wollen wir zeigen, dass $(x^{(i)})_{i \in \mathbb{N}}$ im Sinne der ℓ^p-Norm gegen $a :=$ $(a_0, a_1, a_2, \ldots)$ konvergiert. Hierzu bemerken wir, dass für beliebiges $M \in \mathbb{N}$ und alle $m, n \geq N$ gilt:

$$\sum_{k=0}^{M} |x_k^{(m)} - x_k^{(n)}|^p \leq \sum_{k=0}^{\infty} |x_k^{(m)} - x_k^{(n)}|^p < \varepsilon^p,$$

folglich

$$\sum_{k=0}^{M} |x_k^{(m)} - a_k|^p = \lim_{n \to \infty} \sum_{k=0}^{M} |x_k^{(m)} - x_k^{(n)}|^p \leq \varepsilon^p.$$

Da M beliebig gewählt war, ist somit

$$(\|x^{(m)} - a\|_{\ell^p})^p = \sum_{k=0}^{\infty} |x_k^{(m)} - a_k|^p = \lim_{M \to \infty} \sum_{k=0}^{M} |x_k^{(m)} - a_k|^p \leq \varepsilon^p.$$

für alle $m \geq N$. Folglich konvergiert $(x^{(i)})_{i \in \mathbb{N}}$ gegen a.

Die eben bewiesenen Konvergenzen lassen sich in folgendem Schema zusammenfassen:

$$
\begin{array}{rcllllll}
x^{(0)} & = & (x_0^{(0)}, & x_1^{(0)}, & x_2^{(0)}, & x_3^{(0)}, & \ldots) \\
x^{(1)} & = & (x_0^{(1)}, & x_1^{(1)}, & x_2^{(1)}, & x_3^{(1)}, & \ldots) \\
x^{(2)} & = & (x_0^{(2)}, & x_1^{(2)}, & x_2^{(2)}, & x_3^{(2)}, & \ldots) \\
& & \vdots & \vdots & \vdots & \vdots & \vdots \\
\ell^p \downarrow & & \downarrow & \downarrow & \downarrow & \downarrow \\
a & = & (a_0, & a_1, & a_2, & a_3, & \ldots)
\end{array}
$$

Es bleibt noch zu zeigen, dass $a \in \ell^p$. Sei hierzu $m \geq N$. Dann ist $x^{(m)} - a$ ein Element aus ℓ^p, denn nach der letzten Überlegung konvergiert $\sum_{k=0}^{\infty} |x_k^{(m)} - a_k|^p$. Damit ist aber auch $a = x^{(m)} - (x^{(m)} - a) \in \ell^p$. ∎

Erläuterung

Bitte beachten Sie, dass der Beweis nicht nur für $p = 2$ geführt wurde.

Orthonormalsysteme

Erläuterung

Wie können wir in allgemeinen Hilbert-Räumen von Basen oder Orthonormal-
basen sprechen? Schließlich haben wir in $\mathbb{K}^n$ z. B. die Standardbasis $(e_1, \ldots, e_n)$
zur Verfügung. Können wir nicht ebenso einfach die Folgen

$$e^{(0)} = (1,0,0,0,\ldots), \ e^{(1)} = (0,1,0,0,\ldots), \ e^{(2)} = (0,0,1,0,\ldots), \ldots$$

als orthonormale Basisvektoren von ℓ^2 auffassen? Bei der Beantwortung dieser
Frage stellen sich einige fundamentale Probleme: Wie sollen z. B. Linearkombinationen dieser Vektoren aussehen? Formal hätten wir Ausdrücke wie

$$\sum_{k=0}^{\infty} \lambda_k e^{(k)}$$

zu berechnen. Wenn wir z. B. die Konvergenz der Partialsummen in der ℓ^2-
Norm fordern, wird die Reihe für beliebige $\lambda_0, \lambda_1, \lambda_2, \ldots \in \mathbb{K}$ im Allgemeinen
nicht konvergieren, sodass der Begriff des Spanns von n-Tupeln von Vektoren
aus der linearen Algebra nicht verallgemeinert werden kann, indem wir einfach
„$n = \infty$ setzen". Des Weiteren möchten wir nicht nur ℓ^2 und $(e^{(0)}, e^{(1)}, \ldots)$
betrachten, sondern für beliebige Hilbert-Räume sagen können, was unter einer
„vernünftigen Orthonormalbasis" eigentlich verstanden werden soll.

Erläuterung

Wir erinnern an das Folgende: Ist V ein $\mathbb{K}$-Vektorraum und $M \subseteq V$ eine Menge
von Vektoren, dann ist der Spann oder die lineare Hülle von M gegeben durch

$$\mathrm{Span}(M) = \{\lambda_0 v_0 + \ldots + \lambda_n v_n \mid n \in \mathbb{N}, \ \lambda_0, \ldots, \lambda_n \in \mathbb{K}, \ v_0, \ldots, v_n \in M\}.$$

Der Spann besteht also aus der Menge aller endlichen Linearkombinationen
von Vektoren aus M. Wir können im Übrigen obige Definition bei Bedarf auch
problemlos auf Familien $(v_i)_{i \in I}$ von Vektoren erweitern:

$$\mathrm{Span}\left((v_i)_{i \in I}\right) = \{\lambda_0 v_{i_0} + \ldots + \lambda_n v_{i_n} \mid n \in \mathbb{N}, \ \lambda_0, \ldots, \lambda_n \in \mathbb{K}, i_0, \ldots, i_n \in I\}$$

Diese Definition stimmt im endlichdimensionalen Fall mit der für Tupel (also
endliche Familien) von Vektoren überein.

Beispiel

Sei $A = \{e^{(0)}, e^{(1)}, e^{(2)}\} \subset \ell^2$. Dann gilt

$$\mathrm{Span}(A) = \{(\lambda_0, \lambda_1, \lambda_2, 0, 0, \ldots) \mid \lambda_0, \lambda_1, \lambda_2 \in \mathbb{K}\}.$$

Offensichtlich ist $\mathrm{Span}(A)$ ein Untervektorraum von ℓ^2.

Beispiel

Sei $B = \{e^{(0)}, e^{(1)}, e^{(2)}, \ldots\} = \{e^{(i)}\}_{i \in \mathbb{N}} \subset \ell^2$. Dann gilt

$$\text{Span}(B) = \{(\lambda_0, \lambda_1, \lambda_2, \ldots, \lambda_n, 0, 0, \ldots) \mid n \in \mathbb{N}, \lambda_0, \ldots, \lambda_n \in \mathbb{K}\}.$$

Somit ist $\text{Span}(B)$ die Menge aller Folgen, für die nur endlich viele Einträge verschieden von Null sind. Es gilt $\text{Span}(B) \neq \ell^2$, denn z. B. ist $a := (1, \frac{1}{2}, \frac{1}{3}, \frac{1}{4}, \ldots)$ nicht in $\text{Span}(B)$ enthalten, jedoch in ℓ^2:

$$\sum_{k=0}^{\infty} |a_k|^2 = \sum_{k=0}^{\infty} \frac{1}{(k+1)^2} = \sum_{k=1}^{\infty} \frac{1}{k^2} < \infty.$$

Aus diesem Grund können wir B nicht im bekannten Sinn als Erzeugendensystem von ℓ^2 verstehen. Allerdings ist $\text{Span}(B)$ ein Untervektorraum von ℓ^2 – und zwar ein ziemlich „großer", wie wir im Folgenden sehen werden.

Zunächst halten wir fest: $\text{Span}(B)$ ist topologisch nicht abgeschlossen in ℓ^2. Um dies zu sehen, betrachten wir die Folge $(x^{(i)})_{i \in \mathbb{N}}$ der Vektoren

$$x^{(i)} = \left(1, \frac{1}{2}, \frac{1}{3}, \ldots, \frac{1}{i}, 0, 0, \ldots\right) \in \text{Span}(B).$$

Wir behaupten, dass $(x^{(i)})$ konvergiert und der Grenzwert durch

$$a = \left(1, \frac{1}{2}, \frac{1}{3}, \ldots\right) \notin \text{Span}(B)$$

gegeben ist. Der Nachweis sieht wie folgt aus:

$$\begin{aligned}
\|x^{(n)} - a\|_{\ell^2} &= \left\| \left(1, \frac{1}{2}, \ldots, \frac{1}{n}, 0, 0, \ldots\right) - \left(1, \frac{1}{2}, \ldots, \frac{1}{n}, \frac{1}{n+1}, \frac{1}{n+2}, \ldots\right) \right\|_{\ell^2} \\
&= \left\| \left(0, 0, \ldots, 0, -\frac{1}{n+1}, -\frac{1}{n+2}, \ldots\right) \right\|_{\ell^2} \\
&= \left(\sum_{k=n+1}^{\infty} \left|\frac{1}{k}\right|^2 \right)^{\frac{1}{2}} \\
&= \left(\sum_{k=1}^{\infty} \frac{1}{k^2} - \sum_{k=1}^{n} \frac{1}{k^2} \right)^{\frac{1}{2}} \xrightarrow[n \to \infty]{} 0,
\end{aligned}$$

also gilt $\lim_{n \to \infty} x^{(n)} = a$.

Allerdings ist der Abschluss von $\text{Span}(B)$ – also $\overline{\text{Span}(B)}$ zusammen mit seinen Randpunkten – mit ℓ^2 identisch, denn auch für beliebiges $a = (a_0, a_1, \ldots) \in \ell^2$ können wir wie im obigen Beispiel zeigen, dass $(x^{(i)})_{i \in \mathbb{N}}$ mit

$$x^{(i)} = (a_0, a_1, \ldots, a_i, 0, 0, \ldots) \in \text{Span}(B)$$

gegen a konvergiert. Eine andere Sprechweise für diesen Sachverhalt ist auch: $\text{Span}(B)$ liegt dicht in ℓ^2.

Erläuterung

Wir werden den Abschluss einer Menge mit einem Oberstrich kennzeichnen; also gilt im vorigen Beispiel $\overline{\mathrm{Span}(B)} = \ell^2$.

▶ **Definition**

Sei H ein Hilbert-Raum mit Skalarprodukt $\langle \cdot, \cdot \rangle$. Eine Menge von Vektoren $S \subseteq H$ heißt Orthonormalsystem, falls für alle $e, \widetilde{e} \in S$ gilt:

1. $\langle e, e \rangle = 1$,

2. $\langle e, \widetilde{e} \rangle = 0$, falls $e \neq \widetilde{e}$.

Wir nennen S darüber hinaus vollständig, falls für jedes Orthonormalsystem $T \subseteq H$ mit $S \subseteq T$ gilt, dass $T = S$.   ◀

Erläuterung

Jede Teilmenge eines Orthonormalsystems ist wieder ein Orthonormalsystem.

Beispiel

Die Menge $B = \{e^{(i)}\}_{i \in \mathbb{N}}$ ist ein vollständiges Orthonormalsystem in ℓ^2. Dass B ein Orthonormalsystem darstellt, ist nicht schwer zu sehen. Zum Nachweis der Vollständigkeit sei $T \subseteq \ell^2$ ein Orthonormalsystem mit $B \subseteq T$. Wir führen den Beweis durch Widerspruch. Angenommen, es gelte $T \neq B$, d. h. es existiert ein $t \in T \setminus B$. Dann gilt zunächst einmal für alle $n \in \mathbb{N}$, dass $\langle e^{(n)}, t \rangle = 0$ und $\langle t, t \rangle = 1$, da $B \subseteq T$ und $t \in T$. Somit gilt für alle $n \in \mathbb{N}$:

$$0 = \langle e^{(n)}, t \rangle = \langle (0, 0, \ldots, 0, 1, 0, \ldots), (t_0, t_1, \ldots, t_n, \ldots) \rangle = t_n,$$

und folglich $t = (0, 0, 0, \ldots)$. Das steht aber im Widerspruch zu $\langle t, t \rangle = 1$.

Die Menge $\widetilde{B} = \{e^{(0)}, e^{(2)}, e^{(4)}, \ldots\}$ ist zwar ein Orthonormalsystem, jedoch kein vollständiges, da $\widetilde{B} \subset B$.

■ **Satz**

Sei H (hier und im Folgenden) ein Hilbert-Raum mit Skalarprodukt $\langle \cdot, \cdot \rangle$ und induzierter Norm $\| \cdot \|$. Seien $v_0, v_1, v_2, \ldots, v_N \in H$ Vektoren, die paarweise senkrecht aufeinander stehen. Dann gilt der Satz von Pythagoras:

$$\left\| \sum_{k=0}^{N} v_k \right\|^2 = \sum_{k=0}^{N} \|v_k\|^2$$

Beweis: Wir beweisen den Satz durch vollständige Induktion. Für $N = 0$ ist die Behauptung sicher wahr. Sei die Behauptung für ein beliebiges, aber festes $N \in \mathbb{N}$ bereits bewiesen. Dann gilt:

$$
\left\| \sum_{k=0}^{N+1} v_k \right\|^2 = \left\langle \sum_{k=0}^{N+1} v_k, \sum_{k=0}^{N+1} v_k \right\rangle
$$

$$
= \left\langle \sum_{k=0}^{N} v_k + v_{N+1}, \sum_{k=0}^{N} v_k + v_{N+1} \right\rangle
$$

$$
= \left\langle \sum_{k=0}^{N} v_k, \sum_{k=0}^{N} v_k \right\rangle + \sum_{k=0}^{N} \underbrace{\langle v_k, v_{N+1} \rangle}_{=0} + \sum_{k=0}^{N} \underbrace{\langle v_{N+1}, v_k \rangle}_{=0} + \langle v_{N+1}, v_{N+1} \rangle
$$

$$
= \sum_{k=0}^{N} \| v_k \|^2 + \| v_{N+1} \|^2 = \sum_{k=0}^{N+1} \| v_k \|^2. \qquad \blacksquare
$$

Erläuterung

Mit den Bezeichnungen $a = \| v_0 \|$, $b = \| v_1 \|$ und $c = \| v_0 + v_1 \|$ haben wir speziell für $N = 2$:

$$
c^2 = a^2 + b^2,
$$

falls v_0 und v_1 senkrecht aufeinander stehen, wie in der folgenden Abbildung zu sehen.

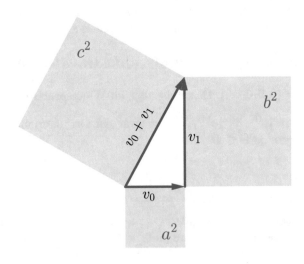

Abbildung 11.2: Der Satz von Pythagoras

Erläuterung

Im Folgenden werden wir uns immer wieder auf abzählbare Orthonormalsysteme S beschränken, da wir sonst beispielsweise auftretende Summen $\sum_{e \in S}$ einer gesonderten Betrachtung unterziehen müssten, wofür hier nicht der Raum ist. Bei abzählbar unendlichem S ist die Summe einfach eine unendliche Reihe.

■ **Satz**

Sei S ein abzählbares Orthonormalsystem und $x \in H$. Dann gilt die Bessel'sche Ungleichung:

$$\|x\|^2 \geq \sum_{e \in S} |\langle e, x \rangle|^2.$$

Beweis: Sei zunächst $S = \{e_i\}_{i \in \{0,1,\dots,N\}}$ endlich; wir definieren dann

$$x_N := x - \sum_{k=0}^{N} \langle e_k, x \rangle e_k = x - \sum_{e \in S} \langle e, x \rangle e.$$

Durch eine einfache Rechnung lässt sich feststellen, dass $x_N \perp e_i$ für alle $i = 0, 1, \dots, N$ gilt. Damit ergibt sich zusammen mit dem Satz von Pythagoras:

$$\|x\|^2 = \|x_N\|^2 + \left\| \sum_{k=0}^{N} \langle e_k, x \rangle e_k \right\|^2$$

$$= \|x_N\|^2 + \sum_{k=0}^{N} |\langle e_k, x \rangle|^2 \|e_k\|^2$$

$$\geq \sum_{k=0}^{N} |\langle e_k, x \rangle|^2.$$

Da dies für endliche Orthonormalsysteme beliebiger Länge gilt, haben wir auch im Grenzwert $N \to \infty$:

$$\|x\|^2 \geq \sum_{k=0}^{\infty} |\langle e_k, x \rangle|^2.$$

Daher gilt die Ungleichung auch für ein abzählbar unendliches Orthonormalsystem. (Die Reihenfolge der e_k spielt keine Rolle, da die Reihe absolut konvergiert.) ■

■ **Satz**

Sei $S \subseteq H$ ein Orthonormalsystem. Dann gibt es ein vollständiges Orthonormalsystem T mit $S \subseteq T$.

Beweis: Die Idee ist, S so lange zu vergrößern, bis ein maximales Orthonormalsystem konstruiert ist. Die Existenz eines solchen ist dann durch das sog. Zorn'sche Lemma gesichert. (Das Zorn'sche Lemma ist äquivalent zum sog. Auswahlaxiom, welches von den meisten Mathematikern als wahr angenommen wird.)   ■

▶ **Definition**

Für einen Vektor $x \in H$ und eine Menge $M \subseteq H$ schreiben wir $x \perp M$, falls x auf jedem Element von M senkrecht steht:

$$x \perp M :\Leftrightarrow \langle x, v \rangle = 0 \text{ für alle } v \in M$$

Für einen Untervektorraum $U \subseteq H$ bezeichne $U^\perp$ den Teilraum aller Vektoren, die senkrecht auf U stehen:

$$U^\perp := \{x \in H \mid x \perp U\}$$ ◀

■ **Satz**

Sei U ein abgeschlossener Untervektorraum von H. Dann kann jeder Vektor $v \in H$ auf eindeutige Weise als

$$v = v_\| + v_\perp$$

mit $v_\| \in U$ und $v_\perp \in U^\perp$ geschrieben werden.

Erläuterung

Sofern ein Untervektorraum abgeschlossen ist, können wir jeden Vektor also in eine zu diesem Untervektorraum senkrechte bzw. parallele Komponente zerlegen.

■ **Satz**

Sei $S \subseteq H$ ein abzählbares Orthonormalsystem. Dann sind die folgenden Aussagen äquivalent:

1. S ist vollständig.

2. Für alle $x \in H$ gilt: $x \perp S \Rightarrow x = 0$.

3. Es gilt $H = \overline{\mathrm{Span}(S)}$.

4. Für alle $x \in H$ gilt
$$x = \sum_{e \in S} \langle e, x \rangle e.$$

5. Für alle $x, y \in H$ gilt
$$\langle x, y \rangle = \sum_{e \in S} \langle x, e \rangle \langle e, y \rangle.$$

6. Für alle $x \in H$ gilt die Parseval'sche Gleichung:

$$\|x\|^2 = \sum_{e \in S} |\langle e, x \rangle|^2.$$

Beweis: Wir zeigen den Satz durch einen Ringschluss.

1. $\Rightarrow$ 2. : Wir zeigen die Kontraposition. Wenn $x \in H$ mit $x \neq 0$ auf allen Vektoren in S senkrecht steht, so kann $\frac{x}{\|x\|}$ nicht in S enthalten sein. Damit ist aber

$$T := S \cup \left\{ \frac{x}{\|x\|} \right\}$$

ein Orthonormalsystem mit $S \subset T$, sodass S nicht vollständig sein kann.

2. $\Rightarrow$ 3. : Sei $v \in H$ beliebig. Der Untervektorraum $U = \overline{\mathrm{Span}(S)}$ ist abgeschlossen (und auch tatsächlich ein Untervektorraum; warum?). Folglich haben wir nach dem letzten Satz eindeutig bestimmte $v_{\|} \in U$ und $v_{\perp} \in U^{\perp}$ mit $v = v_{\|} + v_{\perp}$. Da insbesondere $v^{\perp} \perp S$ gilt, haben wir unter Voraussetzung der zweiten Bedingung $v^{\perp} = 0$, und somit $v = v_{\|}$. Da $v \in H$ beliebig gewählt war, gilt $H = U = \overline{\mathrm{Span}(S)}$.

3. $\Rightarrow$ 4. : Sei $x \in H = \overline{\mathrm{Span}(S)}$. Wir machen eine Fallunterscheidung.

Fall A: Es gilt $x \in \mathrm{Span}(S)$. Dann gibt es Skalare $\{\lambda_e\}_{e \in S}$, wobei nur endlich viele verschieden von Null sind, mit

$$x = \sum_{e \in S} \lambda_e e.$$

Somit haben wir für jedes $\widetilde{e} \in S$:

$$\langle \widetilde{e}, x \rangle = \left\langle \widetilde{e}, \sum_{e \in S} \lambda_e e \right\rangle = \sum_{e \in S} \lambda_e \langle \widetilde{e}, e \rangle = \lambda_{\widetilde{e}}.$$

Durch Zurückeinsetzen ergibt sich wie gewünscht $x = \sum_{e \in S} \langle e, x \rangle e$.

Fall B: Es gilt $x \notin \mathrm{Span}(S)$. Trotzdem haben wir $x \in H = \overline{\mathrm{Span}(S)}$, sodass es eine Folge $(x_i)_{i \in \mathbb{N}}$ mit Werten in $\mathrm{Span}(S)$ geben muss, für welche $\lim_{n \to \infty} x_n = x$ gilt. Aufgrund der Überlegungen aus Fall A gilt für alle $n \in \mathbb{N}$:

$$x_n = \sum_{e \in S} \langle e, x_n \rangle e,$$

wobei für jedes n wieder nur endlich viele der Koeffizienten $\langle e, x_n \rangle$ verschieden von Null sind. Sei nun

$$\widetilde{S} = \{ e \in S \mid \text{es gibt ein } n \in \mathbb{N} \text{ mit } \langle e, x_n \rangle \neq 0 \} \subseteq S,$$

sodass

$$x_n = \sum_{e \in S} \langle e, x_n \rangle e = \sum_{e \in \widetilde{S}} \langle e, x_n \rangle e.$$

Die Menge $\widetilde{S}$ muss abzählbar sein; wenn sie endlich ist, so sind wir (fast) fertig:

$$x = \lim_{n \to \infty} x_n = \lim_{n \to \infty} \sum_{e \in \widetilde{S}} \langle e, x_n \rangle e = \sum_{e \in \widetilde{S}} \langle e, \lim_{n \to \infty} x_n \rangle e = \sum_{e \in \widetilde{S}} \langle e, x \rangle e.$$

(Wir haben hier benutzt, dass die Abbildung $x \mapsto \langle y, x \rangle$ für alle $y \in H$ stetig ist; siehe Bemerkung unten!) Andernfalls ist $\widetilde{S}$ abzählbar unendlich, sodass wir $\widetilde{S} = \{e_i\}_{i \in \mathbb{N}}$ schreiben können:

$$x_n = \sum_{e \in \widetilde{S}} \langle e, x_n \rangle e = \sum_{k=0}^{\infty} \langle e_k, x_n \rangle e_k.$$

Für jedes $n \in \mathbb{N}$ sind in dieser Linearkombination nur endlich viele Koeffizienten verschieden von Null. Das bedeutet, für jedes $n \in \mathbb{N}$ können wir ein $N(n) \in \mathbb{N}$ finden, sodass $\langle e_k, x_n \rangle = 0$ für alle $k > N(n)$ gilt. Zusammen mit dem Satz von Pythagoras und schließlich der Bessel'schen Ungleichung ergibt sich dann:

$$\left\| \sum_{k=0}^{N(n)} \langle e_k, x \rangle e_k - x_n \right\|^2 = \left\| \sum_{k=0}^{N(n)} \langle e_k, x \rangle e_k - \sum_{k=0}^{N(n)} \langle e_k, x_n \rangle e_k \right\|^2$$

$$= \left\| \sum_{k=0}^{N(n)} \langle e_k, x - x_n \rangle e_k \right\|^2$$

$$= \sum_{k=0}^{N(n)} |\langle e_k, x - x_n \rangle|^2 \|e_k\|^2$$

$$\leq \|x - x_n\|^2 \xrightarrow[n \to \infty]{} 0.$$

Somit gilt

$$x = \lim_{n \to \infty} \sum_{k=0}^{N(n)} \langle e_k, x \rangle e_k = \sum_{k=0}^{\infty} \langle e_k, x \rangle e_k = \sum_{e \in S} \langle e, x \rangle e.$$

4. $\Rightarrow$ 5. : Das Skalarprodukt von $x = \sum_{e \in S} \langle e, x \rangle e$ mit y liefert das Gewünschte:

$$\langle x, y \rangle = \left\langle \sum_{e \in S} \langle e, x \rangle e, y \right\rangle = \sum_{e \in S} \overline{\langle e, x \rangle} \langle e, y \rangle = \sum_{e \in S} \langle x, e \rangle \langle e, y \rangle.$$

5. $\Rightarrow$ 6. : Es ergibt sich aus der letzten Gleichung mit $x = y$:

$$\|x\|^2 = \langle x, x \rangle = \sum_{e \in S} \langle x, e \rangle \langle e, x \rangle = \sum_{e \in S} \overline{\langle e, x \rangle} \langle e, x \rangle = \sum_{e \in S} |\langle e, x \rangle|^2.$$

6. $\Rightarrow$ 1. : Wir zeigen die Kontraposition. Sei S nicht vollständig. Dann gibt es ein $x \in H \setminus S$, sodass $S \cup \{x\}$ ein Orthonormalsystem ist; insbesondere gilt $\|x\| = 1$. Für dieses x gilt darüber hinaus

$$\sum_{e \in S} |\langle e, x \rangle|^2 = 0 \neq \|x\|^2.$$

Durch den Ringschluss ergibt sich schließlich die Äquivalenz aller Punkte. ∎

Erläuterung

Sei $y \in H$ beliebig, aber fest. Wir möchten zeigen, dass die lineare Abbildung

$$T \colon H \to \mathbb{K}, \, T(x) = \langle y, x \rangle$$

stetig ist. (Im unendlichdimensionalen Fall sind lineare Abbildungen im Allgemeinen nicht stetig!) Sei hierzu (x_i) eine konvergente Folge in H mit

$$\lim_{n \to \infty} x_n = x.$$

Dann gilt aufgrund der Ungleichung von Cauchy-Schwarz:

$$|T(x) - T(x_n)| = |T(x - x_n)| = |\langle y, x - x_n \rangle| \leq \|y\| \|x - x_n\| \xrightarrow[n \to \infty]{} 0.$$

Erläuterung

Für einen Vektor $x \in H$ und ein vollständiges Orthonormalsystem S nennen wir $\langle e, x \rangle$ mit $e \in S$ auch die Fourier-Koeffizienten von x (bzgl. S); diese sind anschaulich die Längen der orthogonalen Projektionen von x auf die Vektoren in S. Obiger Satz kann zum besseren Verständnis auch etwas laxer und mit mehr Prosa wie folgt formuliert werden; Vollständigkeit von S bedeutet:

1. S ist in keinem größeren Orthonormalsystem enthalten.

2. Es gibt keine weiteren vom Nullvektor verschiedenen Vektoren, die noch auf S senkrecht stehen.

3. Die lineare Hülle von S liegt dicht in H. S spannt in diesem Sinne fast ganz H auf.

4. Jeder Vektor kann als eine (möglicherweise unendliche) Linearkombination von Vektoren aus S dargestellt werden; die Koeffizienten dieser Darstellung sind die Fourier-Koeffizienten. S spannt in diesem Sinne ganz H auf.

5. Die Bessel'sche Ungleichung wird zur Parseval'schen Gleichung.

Operatoren

▶ **Definition**

Seien $(V, \|\cdot\|_V)$ und $(W, \|\cdot\|_W)$ normierte Räume. Dann nennen wir eine lineare Abbildung $A\colon V \to W$ auch einen (linearen) Operator. Wir nennen darüber hinaus A beschränkt, falls es ein $C > 0$ gibt, sodass für alle $x \in V$ gilt:

$$\|Ax\|_W \leq C\|x\|_V \qquad\qquad\qquad ◀$$

Erläuterung

Sofern keine Verwechslungsgefahr vorliegt, bezeichnen wir die Normen in Definitions- und Zielmenge eines Operators mit dem gleichen Symbol und schreiben für obige Formel z. B. $\|Ax\| \leq C\|x\|$.

Erläuterung

Die Funktionalanalysis hat vornehmlich unendlichdimensionale Funktionenräume zum Untersuchungsgegenstand, und lineare Abbildungen haben nicht immer die aus der (endlichdimensionalen) linearen Algebra bekannten Eigenschaften. Aus diesem und aus historischen Gründen wird deshalb mit dem neuen Begriff „Operator" eine Abgrenzung vorgenommen. Beachten Sie z. B., dass wir im Allgemeinen keine darstellende Matrix zur Verfügung haben; wir schreiben die Operatorwirkung dennoch wie gewohnt oft wie eine Multiplikation: $A(x) = Ax = A \cdot x$.

Beispiel

Die folgenden Abbildungen können als Operatoren aufgefasst werden:

$$D\colon C^1([0,1], \mathbb{R}) \to C^0([0,1], \mathbb{R}), \ (Df)(t) = f'(t) \text{ für alle } t \in [0,1],$$

$$V\colon C^0([0,1], \mathbb{R}) \to C^1([0,1], \mathbb{R}), \ (Vf)(t) = \int_0^t f(\tau)\,d\tau \text{ für alle } t \in [0,1],$$

$$\mathcal{F}\colon \mathcal{S} \to \mathcal{S}, \ (\mathcal{F}f)(\omega) = \frac{1}{\sqrt{2\pi}} \int_{-\infty}^{\infty} f(t)e^{-i\omega t}\,dt \text{ für alle } \omega \in \mathbb{R}.$$

Das letzte Beispiel ist die Fourier-Transformation; wir haben $\mathcal{F}f$ statt der oft üblichen Notation $\mathcal{F}[f]$ geschrieben, um hervorzuheben, dass $\mathcal{F}$ linear ist. Wir können obige Räume z. B. mit der Supremumsnorm versehen. (Beachten Sie jedoch, dass $C^1([0,1], \mathbb{R})$ und $\mathcal{S}$ bzgl. dieser Norm nicht vollständig sind.) Wir nennen V auch den Volterra-Operator.

■ **Satz**

Ein Operator ist genau dann beschränkt, wenn er stetig ist.

Beweis: Sei $A\colon V \to W$ ein Operator zwischen normierten Räumen.

$\Leftarrow$ Sei A stetig. Dann ist A speziell auch im Nullpunkt stetig, und insbesondere zu $\varepsilon = 1$ existiert folglich ein $\delta > 0$, sodass für alle $z \in V$ mit
$\|z\| = \|z - 0\| < \delta$ gilt:

$$\|Az\| = \|Az - A \cdot 0\| < \varepsilon = 1.$$

Für beliebiges $x \in V \setminus \{0\}$ haben wir mit der Einsetzung $z = \frac{\delta}{2\|x\|}x$:

$$\|z\| = \frac{\delta}{2} < \delta,$$

sodass gilt:

$$1 > \|Az\| = \frac{\delta}{2\|x\|}\|Ax\|, \quad \text{also} \quad \|Ax\| \le C\|x\|,$$

falls wir $C = \frac{2}{\delta}$ wählen. Für $x = 0$ ist diese Ungleichung ebenfalls erfüllt.

$\Rightarrow$ Sei A beschränkt. Dann gibt es für alle $z \in V$ also ein $C > 0$ mit $\|Az\| \le C\|z\|$. Für alle $x \in V$ und eine beliebige Folge $(x_i)_{i \in \mathbb{N}}$ mit Werten in V
und $\lim_{n \to \infty} x_n = x$ haben wir dann vermöge der Einsetzung $z = x - x_n$:

$$\|Ax - Ax_n\| = \|A(x - x_n)\| = \|Az\| \le C\|z\| = C\|x - x_n\| \xrightarrow[n \to \infty]{} 0 \quad \blacksquare$$

Beispiel

Wir betrachten den Operator

$$L\colon C^0([a,b], \mathbb{R}) \to \mathbb{R}, \, Lf = \int_a^b f(t)\, dt,$$

wobei wir $C^0([a,b], \mathbb{R})$ mit der Supremumsnorm $\|\cdot\|_\infty$ versehen. ($\mathbb{R}$ sei mit
dem üblichen Absolutbetrag $|\cdot|$ ausgestattet.) Die Monotonieeigenschaft des
Integrals impliziert für alle $f \in C^0([a,b], \mathbb{R})$:

$$|Lf| = \left| \int_a^b f(t)\, dt \right| \le \int_a^b |f(t)|\, dt \le (b - a) \sup_{t \in [a,b]} |f(t)| = (b - a)\|f\|_\infty.$$

Folglich ist L beschränkt und somit stetig.

Beispiel

Wir betrachten den Ableitungsoperator

$$D\colon C^1([0,1], \mathbb{R}) \to C^0([0,1], \mathbb{R});$$

$C^1([0,1], \mathbb{R})$ und $C^0([0,1], \mathbb{R})$ versehen wir mit der Supremumsnorm $\|\cdot\|_\infty$. Tatsächlich ist D nicht stetig: Für die Folge $(f_i)_{i \in \mathbb{N}}$ von Funktionen in $C^1([0,1], \mathbb{R})$
mit $f_n(t) = t^n$ für alle $t \in [0,1]$ und $n \in \mathbb{N}$ haben wir stets

$$\|f_n\|_\infty = \sup_{t \in [0,1]} |f_n(t)| = \sup_{t \in [0,1]} t^n = 1$$

und

$$\|Df_n\|_\infty = \sup_{t\in[0,1]} |Df_n(t)| = \sup_{t\in[0,1]} nt^{n-1} = n;$$

also

$$\|Df_n\|_\infty = n\|f_n\|_\infty.$$

Es kann folglich keine von n unabhängige Schranke C mit $\|Df_n\|_\infty \le C\|f_n\|_\infty$ geben, sodass D nicht beschränkt und somit auch nicht stetig sein kann.

■ Satz

Wenn ein Operator in einem Punkt stetig ist, so ist er stetig in allen Punkten.

Beweis: Sei $A\colon V \to W$ ein Operator, der in $\widetilde{x} \in V$ stetig ist. Sei $x \in V$ beliebig sowie (x_i) eine Folge mit Werten in V und $\lim_{n\to\infty} x_n = x$. Dann gilt

$$\lim_{n\to\infty} x_n - x + \widetilde{x} = \widetilde{x}$$

und wegen der Stetigkeit in $\widetilde{x}$ sowie der Linearität von A

$$A\widetilde{x} = A(\lim_{n\to\infty} x_n - x + \widetilde{x}) = \lim_{n\to\infty} A(x_n - x + \widetilde{x}) = \lim_{n\to\infty} Ax_n - Ax + A\widetilde{x}.$$

Nach Umstellen folgt $\lim_{n\to\infty} Ax_n = Ax$. ■

■ Satz

Seien V und W Banach-Räume und $A\colon V \to W$ ein stetiger Operator. Dann ist A genau dann surjektiv, wenn A alle offenen Mengen (in V) wieder auf offene Mengen (in W) abbildet.

Ausblick

Mit der Funktionalanalysis haben wir ein mathematisches Gebiet ergründet, das zahlreiche Anwendungen hat, von denen wir auch einige direkt betrachteten.

Wesentlich war, dass wir an vielen Stellen das Endlichdimensionale verlassen haben und zum Fall unendlicher Dimension gekommen sind. Dennoch waren uns viele Grundideen bereits aus der Linearen Algebra bekannt; dies begründet, warum bei Studierenden nicht selten gesagt wird, dass die Funktionalanalysis eine unedlichdimensionale Lineare Algebra ist. So einfach ist es dann jedoch nicht.

Die Funktionalanalysis bietet viele Werkzeuge, die für die Behandlung von Differenzialgleichungen bedeutsam sind, bis dahin ist es aber ein ordentlicher Weg, auf dem wir durch die Laplace-Transformation erste Schritte machten.

Mit diesem Ausblick sind wir nicht nur am Ende eines Kapitels angelangt, sondern auch am Ende einer ganzen Buchreihe – daher darf dieser Ausblick etwas allgemeiner (und länger) sein als seine Vorgänger.

Wie Sie aus den Einleitungen der einzelnen Bände wissen, haben wir beim Schreiben immer wieder speziell an Studierende der Physik gedacht. Das nicht von ungefähr, denn die Beziehungen sind sehr eng – beide Wissenschaften befruchten sich gegenseitig massiv, ja bedingen sich in Teilen sogar. So ist es nicht erstaunlich, dass viele bedeutende Namen der Mathematik, wie Hilbert, Poincaré, Riemann, Weyl und in jüngerer Zeit beispielsweise Perelman und Villani, auch eng mit der Physik verknüpft sind. Eine Fremdheit der Gebiete, wie von einigen angeblichen Propheten ihrer jeweiligen Spezialdisziplinen berichtet, existiert einfach nicht.

Auch sind viele Entsprechungen sofort erkennbar, wie bei Mannigfaltigkeiten und Relativitätstheorie oder Funktionalanalysis und Quantenmechanik.

Wer nun an Thermodynamik und Statistische Physik denkt, oder auch nur das Vorlesungsverzeichnis einer deutschen Hochschule aufschlägt, der stellt sich vermutlich die Frage, wo denn weitere Gebiete in diesem nun aus drei Bänden bestehenden Werk bleiben. Wo ist die erwähnte Differenzialgeometrie, wo die Stochastik?

Nun, es ist nicht so, dass wir das vergessen hätten. Es ist vielmehr so, dass es nie unser Ziel war, einen kompletten Überblick zu geben oder ein Lexikon zu schreiben. Wir wollten lediglich die Grundlage schaffen, von der aus Sie nun alleine in die weite Welt der Mathematik – und ihrer Anwendungen – gehen können; es warten noch zahlreiche großartige Entdeckungen auf Sie. Haben Sie daran viel Freude und genießen Sie Ihre Reise!

Selbsttest

I. Welche Aussagen sind wahr?

(1)   Sei V ein Vektorraum und seien $n_1, n_2 : V \to \mathbb{R}_+$ zwei Normen. Wenn (V, n_1) ein Banachraum ist, dann ist (V, n_2) auch ein Banachraum.

(2)   Sei $(V, \langle \cdot, \cdot \rangle)$ ein Hilbertraum. Dann ist $(V, \| \cdot \|)$ mit $\|x\| := \sqrt{\langle x, x \rangle}$ ein Banachraum.

(3) $C^0([0,1], \| \cdot \|_\infty)$ ist ein Banachraum.

II. Seien H ein Hilbertraum und $U \subseteq H$ ein Untervektorraum mit abzählbarem Orthonormalsystem S. Sei weiter $S^\perp$ ein abzählbares Orthonormalsystem von $U^\perp$. Welche Aussagen sind richtig?

(1) $S \cup S^\perp$ ist ein abzählbares Orthonormalsystem von H.

(2)   Wenn S vollständig in U ist, dann ist $S^\perp$ vollständig in $U^\perp$.

(3) S und $S^\perp$ sind genau dann vollständig in U bzw. $U^\perp$, wenn $S \cup S^\perp$ vollständig in H ist.

III. Seien $A \colon X \to X$, $B \colon X \to Y$ und $C \colon Y \to Z$ stetige Operatoren. Welche Operatoren sind dann ebenfalls stetig?

(1) $CB := C \circ B \colon X \to Z$

(2) $A^2 := A \circ A \colon X \to X$

(3) $A^{-1} \colon X \to X$, falls A bijektiv ist

Aufgaben zur Funktionalanalysis

I. Zeigen Sie

$$\mathcal{L}[t^n](s) = \frac{n!}{s^{n+1}} \text{ für } s \in \mathbb{R}, \, s > 0.$$

Führen Sie dazu das Integral mit partieller Integration auf $\mathcal{L}[1](s) = \frac{1}{s}$ zurück.

II. Sei f eine Schwartz'sche Funktion und $0 \neq a \in \mathbb{R}$. Zeigen Sie mithilfe der Substitutionsregel, dass

$$\mathcal{F}\left[f\left(\tfrac{t}{a}\right)\right](\omega) = |a|\mathcal{F}[f](a\omega)$$

für alle $\omega \in \mathbb{R}$ gilt.

III. Seien $f, g : [0, \infty[\to \mathbb{R}$ für ein festes $c > 0$ definiert durch

$$f(x) := \begin{cases} 1 & \text{für } 0 \leq x \leq c \\ 0 & \text{für } x > c \end{cases}, \quad g(x) := \sin(x).$$

Berechnen Sie die Faltung $f * g$.

IV. Sei für $n \in \mathbb{N}$ der Operator $L_n \colon \ell^2 \to \ell^2$ definiert als $L_n(x_i) := (y_i)$ mit $y_i := x_{n+i}$, also als eine Verschiebung der Folgenglieder um n Stellen nach links:

$$(x_0, x_1, x_2, \ldots) \mapsto (x_n, x_{n+1}, x_{n+2}, \ldots).$$

Zeigen Sie, dass L_n für alle $n \in \mathbb{N}$ stetig ist.

Lösungen der Selbsttests

Falsche Antworten sind ausgegraut.

Kapitel 1: Komplexwertige Funktionen

I. Seien eine Funktion $f\colon \mathbb{C} \overset{\circ}{\supseteq} U \to \mathbb{C}$ und $w \in U$ gegeben. Welche der Aussagen ist äquivalent zur komplexen Differenzierbarkeit von f im Punkt w?

(1) Der Grenzwert $\lim_{h \to 0} \frac{f(w+h)-f(w)}{h}$ existiert.

(2) Der Grenzwert $\lim_{z \to w} \frac{f(z)-f(w)}{|z-w|}$ existiert.

(3) Der Grenzwert $\lim_{z \to w} \frac{|f(z)-f(w)|}{|z-w|}$ existiert.

(4) Der Grenzwert $\lim_{z \to w} \frac{f(z)-f(w)}{z-w}$ existiert.

II. Welche Funktionen sind holomorph?

(1) $f\colon \mathbb{C} \to \mathbb{C},\ f(z) := \operatorname{Re} z$

(2) $f\colon \mathbb{C} \to \mathbb{C},\ f(z) := \operatorname{Im} z$

(3) $f\colon \mathbb{C} \to \mathbb{C},\ f(z) := \bar{z}$

(4) $f\colon \mathbb{C} \setminus \{0\} \to \mathbb{C},\ f(z) := \frac{1}{z}$

(5) $f\colon \mathbb{C} \setminus \{0\} \to \mathbb{C},\ f(z) := |z|^2$

III. Für $f\colon \mathbb{C} \overset{\circ}{\supseteq} U \to \mathbb{C}$ und $f \circ \iota\colon (x,y) \mapsto f(x+iy) = u(x,y) + iv(x,y)$ seien die so genannten Wirtinger-Ableitungen definiert als

$$\frac{\partial f}{\partial z} := \frac{1}{2}\left(\frac{\partial f \circ \iota}{\partial x} - i\frac{\partial f \circ \iota}{\partial y}\right) \quad \text{und} \quad \frac{\partial f}{\partial \bar{z}} := \frac{1}{2}\left(\frac{\partial f \circ \iota}{\partial x} + i\frac{\partial f \circ \iota}{\partial y}\right)$$

oder in etwas laxer Schreibweise

$$\frac{\partial f}{\partial z} := \frac{1}{2}\left(\frac{\partial f}{\partial x} - i\frac{\partial f}{\partial y}\right) \quad \text{und} \quad \frac{\partial f}{\partial \bar{z}} := \frac{1}{2}\left(\frac{\partial f}{\partial x} + i\frac{\partial f}{\partial y}\right).$$

Zu welchen Aussagen sind die Cauchy-Riemann-Gleichungen jeweils äquivalent?

(1)
$$\frac{\partial f}{\partial z} = 0$$

(2)
$$\frac{\partial f}{\partial \bar{z}} = 0$$

(3)
$$\frac{\partial f}{\partial z} = \frac{\partial f}{\partial \bar{z}} = 0$$

© Springer-Verlag GmbH Deutschland, ein Teil von Springer Nature 2023
M. Scherfner und T. Volland, *Mathematik für das Bachelorstudium III*,
https://doi.org/10.1007/978-3-8274-2558-4

Kapitel 2: Integration komplexwertiger Funktionen

I. Sei $f\colon \mathbb{C} \overset{\circ}{\supseteq} U \to \mathbb{C}$ eine holomorphe Funktion, und sei

$$B_r(z_0) := \{z \in \mathbb{C} \mid |z - z_0| \le r\} \subset U.$$

Welche der Aussagen gelten aufgrund der Integralformel von Cauchy?

(1)

$$2\pi i\, f(a) = \int_{|z-z_0|=r} \frac{f(z)}{z - a}\, dz \quad \text{für alle } a \in B_r(z_0)$$

(2)

$$2\pi i\, f(a) = \int_{|z-z_0|=r} \frac{f(z)}{z - a}\, dz \quad \text{für alle } a \in B_r(z_0) \setminus \partial B_r(z_0)$$

(3)

$$2\pi i\, f(a) = \int_{|z-z_0|=r} \frac{f(z)}{z - a}\, dz \quad \text{für alle } a \in U \setminus \partial B_r(z_0)$$

(4)

$$2\pi i\, f(z_0) = \int_{|z-z_0|=r} \frac{f(z)}{z - z_0}\, dz$$

II. Seien $a, b, c, d \in \mathbb{C}$ und $c \neq 0$. Welches ist das richtige Ergebnis des Integrals

$$\int_{|z|=r} \frac{az + b}{cz + d}\, dz$$

(1) $\quad 2\pi i\,(bc - ad)$ $\qquad\qquad$ (4) $\quad bc - ad$

(2) $\quad 2\pi i\, \frac{bc-ad}{c}$ $\qquad\qquad$ (5) $\quad \frac{bc-ad}{c}$

(3) $\quad 2\pi i\, \frac{bc-ad}{c^2}$ $\qquad\qquad$ (6) $\quad \frac{bc-ad}{c^2}$

und für welchen Radius r gilt dann dieses Ergebnis?

(1) $\quad r > |d|$ $\qquad\qquad\qquad$ (3) $\quad r > \left|\frac{d}{c}\right|$

(2) $\quad r > \left|\frac{a}{c}\right|$ $\qquad\qquad\quad$ (4) $\quad r > 0$

Kapitel 3: Analytische Funktionen

I. Sei (f_n) eine gleichmäßig konvergente Folge differenzierbarer Funktionen $f_n \colon B_r(z_0) \to \mathbb{C}$. Welche der Aussagen gilt dann im Allgemeinen?

(1)
$$\lim_{n \to \infty} \frac{\partial f_n}{\partial z}(z) = \frac{\partial \lim_{n \to \infty} f_n}{\partial z}(z)$$

(2)
$$\int_a^b \lim_{n \to \infty} f_n(z)\, dz = \lim_{n \to \infty} \int_a^b f_n(z)\, dz$$

II. Welche der folgenden Aussagen gilt für die Funktionenfolge (f_n) mit

$$f_n \colon [-1,1] \to [-1,1] \quad f_n(x) := \begin{cases} -1 & \text{für } -1 \le x \le -\frac{1}{n} \\ nx & \text{für } -\frac{1}{n} < x < \frac{1}{n} \\ +1 & \text{für } \frac{1}{n} \le x \le 1 \end{cases}$$

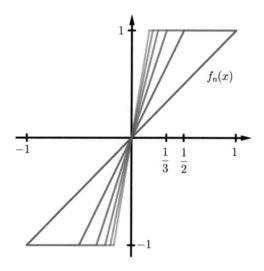

(1)　(f_n) ist punktweise konvergent gegen

$$f \colon [-1,1] \to [-1,1] \quad f(x) := \begin{cases} -1 & \text{für } x \in [-1,0[\\ 0 & \text{für } x = 0 \\ +1 & \text{für } x \in]0,1] \end{cases}$$

(2)　(f_n) ist gleichmäßig konvergent gegen f

Kapitel 4: Mehr über komplexwertige Funktionen

I. Welche Teilmengen von $\mathbb{C}$ sind einfach zusammenhängend?

(1) $B_r(z_0) = \{z \in \mathbb{C} \mid |z - z_0| \leq r\}$ für $r > 0$ und $z_0 \in \mathbb{C}$

(2) $B_{r_0}(z_0) \cup B_{r_1}(z_1)$ für $z_0, z_1 \in \mathbb{C}$, $r_0, r_1 > 0$ und $|z_0 - z_1| \leq r_0 + r_1$

(3) $\{x + iy \mid x, y \in \mathbb{Q}\}$

(4) $\{x + iy \mid x \in \mathbb{R}, y \in \mathbb{Q}\}$

(5) $\{x + iy \mid x \in \mathbb{R}_{\leq 0}, y \in \mathbb{R}\} = \mathbb{C} \setminus \mathbb{R}_{>0}$

(6) $\{0\}$

II. Welche Integrale haben den Wert $2\pi i$?

(1)
$$\int_{|z|=1} \frac{1}{z}\, dz$$

(4)
$$\int_{|z|=2} \frac{1}{z-1}\, dz$$

(2)
$$\int_{|z|=1} \frac{1}{z^2}\, dz$$

(5)
$$\int_{|z-1|=1} \frac{1}{z-1}\, dz$$

(3)
$$\int_{|z|=1} \frac{1}{z-1}\, dz$$

(6)
$$\int_{|z|=1} \frac{1}{z-2}\, dz$$

III. Was ist das Ergebnis des Integrals

$$\int_{|z|=1} \frac{1}{z^n}\, dz\, ?$$

(1)
$$\frac{n}{2\pi i}$$

(4)
$$\frac{1}{2\pi i}$$

(2)
$$\frac{1}{2n\pi i}$$

(5)
$$n$$

(3)
$$2n\pi i$$

(6)
$$0$$

Kapitel 5: Topologische Räume

I. Sei X eine Menge und $x \in X$. Welche der Aussagen sind wahr?

(1)   Jede Menge $U \subseteq X$ mit $x \in U$ ist eine Umgebung von x bzgl. $\mathcal{O}_{\mathrm{ind}}$.

(2) X ist die einzige Umgebung von x bzgl. $\mathcal{O}_{\mathrm{ind}}$.

(3)   Es gibt keine Umgebung von x bzgl. $\mathcal{O}_{\mathrm{ind}}$.

(4)   Jede Menge $U \subseteq X$ mit $x \in U$ ist eine Umgebung von x bzgl. $\mathcal{O}_{\mathrm{dis}}$.

(5) X ist die einzige Umgebung von x bzgl. $\mathcal{O}_{\mathrm{dis}}$.

(6)   Es gibt keine Umgebung von x bzgl. $\mathcal{O}_{\mathrm{dis}}$.

II. Sei K eine Teilmenge eines metrischen Raumes. Welche Aussagen sind äquivalent zur Kompaktheit von K?

(1) K ist abgeschlossen und beschränkt.

(2)   Jede offene Überdeckung von K hat eine endliche Teilüberdeckung.

(3) K ist offen und abgeschlossen zugleich.

III. Sei $f : X \to Y$ stetig. Welche Aussagen gelten?

(1)   Wenn $f(X)$ zusammenhängend ist, dann ist auch X zusammenhängend.

(2)   Wenn X kompakt und f surjektiv ist, dann ist auch Y kompakt.

(3)   Wenn f bijektiv ist, dann ist auch die Umkehrfunktion von f stetig.

IV. Der $\mathbb{R}^n$ mit der Standardtopologie ist ein

(1) T_0-Raum   (4) T_3-Raum

(2) T_1-Raum   (5) T_4-Raum

(3) T_2-Raum

Kapitel 6: Mannigfaltigkeiten

I. Welche der folgenden Mengen sind abzählbar unendlich?

(1) $\mathbb{N} \times \{1, 2, 3, 4\}$

(2) $\mathbb{Q}^n$

(3) $\mathbb{R}^n$

(4)   Die Menge aller Folgen mit Werten in $\mathbb{Z}$

II. Welche der folgenden Relationen definieren Äquivalenzrelationen auf $\mathbb{C}$? Seien dazu stets x, $y \in \mathbb{C}$.

(1) $x \sim y \Leftrightarrow x = 2y$ (5) $x \sim y \Leftrightarrow xy \in \mathbb{R}$

(2) $x \sim y \Leftrightarrow |x| = |y|$ (6) $x \sim y \Leftrightarrow x\bar{y} \in \mathbb{R}$

(3) $x \sim y \Leftrightarrow |x| < |y|$ (7) $x \sim y \Leftrightarrow x + \bar{y} \in \mathbb{R}$

(4) $x \sim y \Leftrightarrow |x| \leq |y|$ (8) $x \sim y$ für alle x, $y \in \mathbb{C}$

III. Welche Aussagen treffen zu?

(1)   Jede differenzierbare Mannigfaltigkeit ist auch eine topologische Mannigfaltigkeit.

(2)   Zwei Mannigfaltigkeiten der selben Dimension sind diffeomorph.

(3)   Die Verträglichkeit von C^k-Atlanten einer Mannigfaltigkeit ist eine Äquivalenzrelation.

Kapitel 7: Tangential-, Dual- und Tensorräume

I. Welche Implikationen gelten für alle Tangentialvektoren $v \in T_pM$?

(1) $f: M \to \mathbb{R}$ konstant
$\Rightarrow \quad v(f) = 0$ auf ganz M

(2) $f, g \in \mathcal{F}(M)$ mit $f = g$ auf einer Umgebung $U(p)$
$\Rightarrow \quad v(f) = v(g)$ auf ganz M

(3) $c \in \mathbb{R}, \tilde{v}: \mathcal{F}(M) \to \mathbb{R}$ mit $\tilde{v}(f) := v(f) + c$ für alle $f \in \mathcal{F}(M)$
$\Rightarrow \quad \tilde{v} \in T_pM$

(4) $f \in \mathcal{F}(M), c \in \mathbb{R}$
$\Rightarrow \quad v(f + c) = v(f)$

II. Sei

$$V = \mathbb{R}_{\leq 2}[x] = \left\{ p: \mathbb{R} \to \mathbb{R} \mid p(x) = ax^2 + bx + c \text{ mit } a, b, c \in \mathbb{R} \right\}$$

der Vektorraum der reellen Polynome maximal zweiten Grades und b_1, b_2, $b_3 \in V$ die Basispolynome $b_1(x) = 1$, $b_2(x) = x$ und $b_3(x) = x^2$. Welches sind die dazu dualen Basisvektoren $b_1^*, b_2^*, b_3^*: V \to \mathbb{R}$?

(1) $b_1^*(p) = p(0),$
$b_2^*(p) = p(1) - p(0),$
$b_3^*(p) = p(1) + p(0)$

(3) $b_1^*(p) = p(0),$
$b_2^*(p) = p(1) - p(0),$
$b_3^*(p) = p(2) - p(1) - p(0)$

(2) $b_1^*(p) = p(0),$
$b_2^*(p) = \frac{1}{2}(p(1) - p(-1)),$
$b_3^*(p) = \frac{1}{2}(p(1) + p(-1)) - p(0)$

(4) $b_1^*(p) = c,$
$b_2^*(p) = b,$
$b_3^*(p) = a$
für $p(x) = ax^2 + bx + c$

III. Sei V ein Vektorraum und $T: V^2 \to \mathbb{R}$ ein Tensor vom Typ $(0, 2)$. Welche Gleichungen folgen aus der Multilinearität für $u, v \in V$ und $a, b \in \mathbb{R}$?

(1) $T(au, v) = T(u, av)$

(2) $T(au, bv) = T(bu, av)$

(3) $T(u_1 + u_2, v_1 + v_2) = T(u_1, v_1) + T(u_1, v_2) + T(u_2, v_1) + T(u_2, v_2)$

(4) $T(u_1 + u_2, v_1 + v_2) = T(u_1, v_1) + T(u_2, v_2)$

(5) $T(u_1 + u_2, v_1 + v_2) = T(u_1, v_2) + T(u_2, v_1)$

Kapitel 8: Vektorfelder, 1-Formen und Tensorfelder

I. Sei für die Mannigfaltigkeit $M = \mathbb{R}^n$ und für ein beliebiges $k = 1, \ldots, n$ das Vektorfeld V definiert durch

$$V_p(f) := \left.\frac{\partial f}{\partial x_k}\right|_p.$$

Welche Aussagen sind korrekt?

(1) V ist gar kein Vektorfeld auf $\mathbb{R}^n$

(2) $V \in \mathcal{X}(\mathbb{R}^n)$

(3) $Vf \in \mathcal{X}(\mathbb{R}^n)$

II. Seien M eine Mannigfaltigkeit, V ein Vektorfeld, θ eine 1-Form und schließlich $f \in \mathcal{F}(M)$. Was sind die korrekten Bildmengen?

(1) $V : M \to T_pM$ (5) $\theta : M \to T_pM^*$

(2) $V : M \to \bigcup_{p \in M} T_pM$ (6) $\theta : M \to \bigcup_{p \in M} T_pM^*$

(3) $Vf : M \to \mathbb{R}$ (7) $\theta(V) : M \to \mathbb{R}$

(4) $Vf : M \to T_pM^*$ (8) $\theta(V) : M \to T_pM$

III. Im Beispiel des Kapitels Koordinatendarstellung haben wir das wirbelförmige Vektorfeld V betrachtet, das bzgl. der stereografischen Karte die Komponentenfunktionen (geschrieben als Spaltenvektoren) $\widehat{\gamma}(u, v) = (-v, u)$ und bzgl. der Kugelkoordinatenparametrisierung die Komponentenfunktionen $\widetilde{\beta}(\phi, \theta) = (1, 0)$ hat.

Welche Komponentenfunktionen bzgl. der Kugelkoordinatenparametrisierung sind anschaulich für das radiale Vektorfeld W mit $\widehat{\gamma}(u, v) = (u, v)$ zu erwarten?

(1) $\widetilde{\beta}(\phi, \theta) = (1, 1)$ (3) $\widetilde{\beta}(\phi, \theta) = (0, \cos\theta)$

(2) $\widetilde{\beta}(\phi, \theta) = (0, 1)$ (4) $\widetilde{\beta}(\phi, \theta) = (0, \sin\theta)$

Kapitel 9: Laplace-Transformation

I. Was ist die Laplace-Transformierte von $f\colon [0,\infty[\to \mathbb{C}$ mit

$$f(t) = at^2 + bt + c\,?$$

(1) $\mathcal{L}[f](s) = \frac{a}{s^3} + \frac{b}{s^2} + \frac{c}{s}$ für $\operatorname{Re}(s) > 0$

(2) $\mathcal{L}[f](s) = \frac{2a}{s^3} + \frac{b}{s^2} + \frac{c}{s}$ für $\operatorname{Re}(s) > 0$

(3) $\mathcal{L}[f](s) = \frac{3a}{s^3} + \frac{2b}{s^2} + \frac{c}{s}$ für $\operatorname{Re}(s) > 0$

II. Welche Funktionen $f\colon [0,\infty[\to \mathbb{C}$ sind von exponentieller Ordnung?

(1) $f(t) := e^{at}$ für $a \in \mathbb{C}$ (4) $f(t) := \sin(at)$ für $a \in \mathbb{C}$

(2) $f(t) := te^{at}$ für $a \in \mathbb{C}$ (5) $f(t) := \cos(at)$ für $a \in \mathbb{C}$

(3) $f(t) := e^{at^2}$ für $a \in \mathbb{C}$ (6) $f(t) := t^n$ für $n \in \mathbb{N}$

III. Das Anfangswertproblem

$$af''(t) + bf'(t) + cf(t) = d, \quad f'(0) = f(0) = 0$$

hat nach der Laplace-Transformation welche algebraische Entsprechung?

(1) $\mathcal{L}[f](s) = \frac{d}{as^2 + bs + c}$ (3) $\mathcal{L}[f](s) = d(as^2 + bs + c)$

(2) $\mathcal{L}[f](s) = \frac{d}{s(as^2 + bs + c)}$ (4) $\mathcal{L}[f](s) = \frac{d}{s}(as^2 + bs + c)$

                                                 (5) $\mathcal{L}[f](s) = as^2 + bs + c - d$

Kapitel 10: Fourier-Transformation

I. Welche Funktionen $f\colon \mathbb{R} \to \mathbb{C}$ sind Schwartz'sche Funktionen?

(1) $f(t) := e^{at}$ für $a \in \mathbb{C}$ (5) $f(t) := \cos(t)$

(2) $f(t) := e^{at^2}$ für $\operatorname{Re}(a) < 0$ (6) $f(t) := a$ für $0 \neq a \in \mathbb{C}$

(3) $f(t) := te^{at^2}$ für $\operatorname{Re}(a) < 0$ (7) $f(t) := t^n$ für $n \in \mathbb{N}$

(4) $f(t) := \sin(t)$

II. Seien $f, g\colon [0, \infty[\to \mathbb{C}$ stückweise stetige Funktionen und seien weiterhin $\widetilde{f}, \widetilde{g}\colon [0, \infty[\to \mathbb{C}$ definiert durch

$$\widetilde{f}(t) := f(-t), \quad \widetilde{g}(t) := g(-t) \quad \text{für alle } t \in [0, \infty[.$$

Welche der folgenden Aussagen gilt dann für die Faltung?

(1) $(\widetilde{f} * \widetilde{g})(t) = (f * g)(t)$

(2) $(\widetilde{f} * \widetilde{g})(t) = -(f * g)(t)$

(3) $(\widetilde{f} * \widetilde{g})(t) = (f * g)(-t)$

(4) $(\widetilde{f} * g)(t) = (f * \widetilde{g})(t) = (f * g)(-t)$

III. Sei $f\colon \mathbb{R} \to \mathbb{C}$ eine Schwartz'sche Funktion. Seien weiter $f_{t_0}, \widetilde{f}_a\colon \mathbb{R} \to \mathbb{C}$ definiert durch $f_{t_0}(t) := f(t - t_0)$ bzw. $\widetilde{f}_a(t) := f(\frac{t}{a})$ für $t_0, a \in \mathbb{R}$, $a \neq 0$. Welche Gleichungen gelten dann für alle $\omega \in \mathbb{R}$?

(1) $\mathcal{F}[f * f](\omega) = \sqrt{2\pi}\, (\mathcal{F}[f](\omega))^2$

(2) $\mathcal{F}[f' * f](\omega) = i\omega\, \mathcal{F}[f * f](\omega)$

(3) $\mathcal{F}[f_{t_0} * f](\omega) = e^{-i\omega t_0}\, \mathcal{F}[f * f](\omega)$

(4) $\mathcal{F}[\widetilde{f}_a * f](\omega) = |a|\, \mathcal{F}[f * f](\omega)$

Kapitel 11: Banach- und Hilbert-Räume

I. Welche Aussagen sind wahr?

(1)   Sei V ein Vektorraum und seien $n_1, n_2 : V \to \mathbb{R}_+$ zwei Normen. Wenn (V, n_1) ein Banachraum ist, dann ist (V, n_2) auch ein Banachraum.

(2)   Sei $(V, \langle \cdot, \cdot \rangle)$ ein Hilbertraum. Dann ist $(V, \| \cdot \|)$ mit $\|x\| := \sqrt{\langle x, x \rangle}$ ein Banachraum.

(3) $C^0([0,1], \| \cdot \|_\infty)$ ist ein Banachraum.

II.   Seien H ein Hilbertraum und $U \subseteq H$ ein Untervektorraum mit abzählbarem Orthonormalsystem S. Sei weiter $S^\perp$ ein abzählbares Orthonormalsystem von $U^\perp$. Welche Aussagen sind richtig?

(1) $S \cup S^\perp$ ist ein abzählbares Orthonormalsystem von H.

(2)   Wenn S vollständig in U ist, dann ist $S^\perp$ vollständig in $U^\perp$.

(3) S und $S^\perp$ sind genau dann vollständig in U bzw. $U^\perp$, wenn $S \cup S^\perp$ vollständig in H ist.

III.   Seien $A\colon X \to X$, $B\colon X \to Y$ und $C\colon Y \to Z$ stetige Operatoren. Welche Operatoren sind dann ebenfalls stetig?

(1) $CB := C \circ B \colon X \to Z$

(2) $A^2 := A \circ A \colon X \to X$

(3) $A^{-1} \colon X \to X$, falls A bijektiv ist

Lösungen der Aufgaben

Funktionentheorie

I. Wir verwenden die Potenzreihendarstellung von sin und cos. Für $b \in \mathbb{R}$ gilt:

$$\sin(ib) = \sum_{n=0}^{\infty} (-1)^n \frac{(ib)^{2n+1}}{(2n+1)!}$$

$$= \sum_{n=0}^{\infty} (-1)^n i^{2n+1} \frac{b^{2n+1}}{(2n+1)!}$$

$$= \sum_{n=0}^{\infty} (-1)^n (-1)^n i \frac{b^{2n+1}}{(2n+1)!}$$

$$= i \sum_{n=0}^{\infty} \frac{b^{2n+1}}{(2n+1)!}$$

$$= i \sinh(b)$$

$$\cos(ib) = \sum_{n=0}^{\infty} (-1)^n \frac{(ib)^{2n}}{(2n)!}$$

$$= \sum_{n=0}^{\infty} (-1)^n i^{2n} \frac{b^{2n}}{(2n)!}$$

$$= \sum_{n=0}^{\infty} (-1)^n (-1)^n \frac{b^{2n}}{(2n)!}$$

$$= \sum_{n=0}^{\infty} \frac{b^{2n}}{(2n)!}$$

$$= \cosh(b)$$

Insgesamt ist also $\sin(i\mathbb{R}) = \sinh(\mathbb{R}) = i\mathbb{R}$ und $\cos(i\mathbb{R}) = \cosh(\mathbb{R}) = \mathbb{R}_{\geq 1}$.

II. Für $z_0 \in \mathbb{C}$, $r > 0$ und $|a - z_0| < r$ lautet die Integralformel von Cauchy

$$f(a) = \frac{1}{2\pi i} \int_{|z-z_0|=r} \frac{f(z)}{z-a}\, dz$$

und daraus folgt für die Ableitung von f:

$$f'(a) = \frac{1}{2\pi i} \int_{|z-z_0|=r} \frac{f(z)}{(z-a)^2}\, dz$$

© Springer-Verlag GmbH Deutschland, ein Teil von Springer Nature 2023
M. Scherfner und T. Volland, *Mathematik für das Bachelorstudium III*,
https://doi.org/10.1007/978-3-8274-2558-4

und damit die Abschätzung

$$
\begin{aligned}
|f'(a)| &= \frac{1}{2\pi} \left| \int_{|z-z_0|=r} \frac{f(z)}{(z-a)^2} \, dz \right| \\
&\leq \frac{1}{2\pi} \int_{|z-z_0|=r} \left| \frac{f(z)}{(z-a)^2} \right| \, dz \\
&\leq \frac{M}{2\pi} \int_{|z-z_0|=r} \left| \frac{1}{(z-a)^2} \right| \, dz \\
&= \frac{M}{2\pi} \int_{|z-z_0|=r} \frac{1}{r^2} \, dz \\
&= \frac{M}{2\pi} 2\pi r \frac{1}{r^2} \\
&= \frac{M}{r} \, .
\end{aligned}
$$

Da dies für beliebig große r gilt, folgt $|f'(a)| = 0$ für alle $a \in \mathbb{C}$. Das bedeutet, dass f auf ganz $\mathbb{C}$ konstant ist.

III. Die Kurve γ beschreibt den Rand der Kreisscheibe $B_{2\pi}(0)$, welche den Punkt $a = \frac{\pi}{2}$ enthält. Mit der konstanten Funktion $f \colon \mathbb{C} \to \mathbb{C}$, $f(z) = 1$, die auf ganz $\mathbb{C}$ holomorph ist, sind die Voraussetzungen der Cauchy'schen Integralformel erfüllt und es gilt

$$
1 = f(\tfrac{\pi}{2}) = \frac{1}{2\pi i} \int_\gamma \frac{1}{z - \frac{\pi}{2}} \, dz,
$$

$$
\text{also} \quad \int_\gamma \frac{1}{z - \frac{\pi}{2}} \, dz = 2\pi i.
$$

IV. Wir zeigen, dass $zf(z)$ in $z = 0$ holomorph fortgesetzt werden kann:

$$
\begin{aligned}
zf(z) &= \frac{z}{1 - e^z} = \frac{z}{1 - \sum_{k=0}^{\infty} \frac{z^k}{k!}} = \frac{z}{-\sum_{k=1}^{\infty} \frac{z^k}{k!}} = \frac{1}{-\sum_{k=1}^{\infty} \frac{z^{k-1}}{k!}} \\
&= \frac{-1}{\sum_{k=0}^{\infty} \frac{z^k}{(k+1)!}}
\end{aligned}
$$

Nun konvergiert die Reihe im Nenner absolut auf $\mathbb{C}$, weil $\sum_{k=0}^{\infty} \frac{z^k}{k!} = e^z$ eine absolut konvergente Majorante ist. Damit ist der Nenner holomorph und außerdem 1 in $z = 0$, sodass $zf(z)$ in $z = 0$ durch -1 holomorph fortgesetzt werden kann. Dementsprechend ist auch $\operatorname{Res}_0(f) = -1$ und

$$
\int_{|z|=1} f(z) \, dz = 2\pi i \operatorname{Res}_0(f) = -2\pi i.
$$

Topologie und Analysis auf Mannigfaltigkeiten

I. Nach Definition ist eine Menge A genau dann abgeschlossen, wenn $X \setminus A \in \mathcal{O}$ ist.

1. Für eine beliebige Familie $(A_i)_{i \in I}$ von abgeschlossenen Mengen ist demnach

$$X \setminus \bigcap_{i \in I} A_i = \bigcup_{i \in I} \underbrace{(X \setminus A_i)}_{\in \mathcal{O}} \in \mathcal{O},$$

also ist $\bigcap_{i \in I} A_i$ abgeschlossen.

2. Für eine endliche Familie $A_1, \ldots, A_n$ von abgeschlossenen Mengen ist

$$X \setminus \bigcup_{i=1}^{n} A_i = \bigcap_{i=1}^{n} \underbrace{(X \setminus A_i)}_{\in \mathcal{O}} \in \mathcal{O},$$

also ist $\bigcup_{i=1}^{n} A_i$ abgeschlossen.

3. Schließlich ist $X \setminus X = \emptyset \in \mathcal{O}$, also X abgeschlossen; und $X \setminus \emptyset = X \in \mathcal{O}$, also die leere Menge $\emptyset$ abgeschlossen.

II. Wir müssen die drei Eigenschaften für Äquivalenzrelationen

1. $A \sim A$

2. $A \sim B \implies B \sim A$

3. $A \sim B,\ B \sim C \implies A \sim C$

überprüfen:

1. $A - A = 0$ und $0^T = 0$; also ist $A \sim A$.

2. Sei $A \sim B$, also $(A - B)^T = A - B$. Dann ist

$$(B - A)^T = -(A - B)^T = -(A - B) = B - A,$$

also $B \sim A$.

3. Seien $A \sim B$ und $B \sim C$, also $(A - B)^T = A - B$ und $(B - C)^T = B - C$. Dann ist

$$(A - C)^T = (A - B + B - C)^T = (A - B)^T + (B - C)^T$$
$$= (A - B) + (B - C) = A - C$$

und damit $A \sim C$.

Es handelt sich somit um eine Äquivalenzrelation.

III. Zu berechnen ist die duale Basis zu

$$\mathcal{B} = \{p_1(x) = x + 1,\, p_2(x) = x - 1\}.$$

Jedes Polynom $p \in \mathbb{R}_{\leq 1}[x]$ lässt sich bezüglich $\mathcal{B}$ eindeutig schreiben als

$$p(x) = \alpha p_1(x) + \beta p_2(x).$$

Die duale Basis $\mathcal{B}^* = \{p_1^*, p_2^*\}$ besteht aus den eindeutigen linearen Abbildungen $p_i^* \in (\mathbb{R}_{\leq 1}[x])^*$, die durch $p_1^*(p) = \alpha$ und $p_2^*(p) = \beta$ bestimmt sind. Koeffizientenvergleich liefert

$$p(x) = ax + b = \alpha p_1(x) + \beta p_2(x) = \alpha(x+1) + \beta(x-1)$$
$$= (\alpha + \beta)x + (\alpha - \beta)$$
$$\implies a = (\alpha + \beta) \text{ und } b = (\alpha - \beta)$$
$$\implies \alpha = \frac{1}{2}(a + b) \text{ und } \beta = \frac{1}{2}(a - b).$$

Wir erhalten damit

$$p_1^*(p) = \frac{1}{2}p(1) \text{ und } p_2^*(p) = -\frac{1}{2}p(-1).$$

Alternativ können wir auch die Nullstellen der beiden Basispolynome betrachten:

$$p_1(-1) = 0, \quad p_2(-1) = -2$$
$$p_1(1) = 2, \quad p_2(1) = 0$$

Mit $p(x) = \alpha p_1(x) + \beta p_2(x)$ ist

$$p(1) = 2\alpha, \quad p(-1) = -2\beta$$
$$\text{bzw.} \quad \alpha = \frac{1}{2}p(1), \quad \beta = -\frac{1}{2}p(-1),$$

also wiederum

$$p_1^*(p) = \frac{1}{2}p(1) \text{ und } p_2^*(p) = -\frac{1}{2}p(-1).$$

Damit brauchten wir gar nicht die gewöhnliche Darstellung $p(x) = ax + b$.

IV. Mit der Einstein'schen Summenkonvention verkürzt sich die Rechnung zu:

$$\theta_p(V_p) = u_k(p)\, b^k|_p (\beta^l(p)b_l|_p)$$
$$= u_k(p)\, \beta^l(p)b^k|_p\, (b_l|_p)$$
$$= u_k(p)\, \beta^l(p)\delta_l^k$$
$$= u_k(p)\, \beta^k(p)$$

Bzw. wenn wir auch noch den Punkt p weglassen:

$$\theta(V) = u_k b^k (\beta^l b_l)$$
$$= u_k \beta^l b^k (b_l)$$
$$= u_k \beta^l \delta_l^k$$
$$= u_k \beta^k$$

Funktionalanalysis

Topologie und Analysis auf Mannigfaltigkeiten

I. Zu zeigen ist die Formel

$$\mathcal{L}[t^n](s) = \frac{n!}{s^{n+1}} \text{ für } \operatorname{Re}(s) > 0.$$

Mit partieller Integration erhalten wir

$$\mathcal{L}[t^n](s) = \int_0^\infty t^n e^{-st} \, dt$$
$$= t^n \frac{-1}{s} e^{-st} \Big|_{t=0}^\infty - \int_0^\infty n t^{n-1} \frac{-1}{s} e^{-st} \, dt$$
$$= 0 - 0 + \frac{n}{s} \int_0^\infty t^{n-1} e^{-st} \, dt$$
$$= \frac{n}{s} \mathcal{L}[t^{n-1}](s).$$

Für $n = 0$ ist $\frac{n!}{s^{n+1}} = \frac{1}{s}$ und somit stimmt unsere Formel mit der für $\mathcal{L}[1](s)$ überein. Wenn die Formel für n wahr ist, folgt mit obiger Rechnung:

$$\mathcal{L}[t^{n+1}](s) = \frac{n+1}{s} \mathcal{L}[t^n](s)$$
$$= \frac{n+1}{s} \frac{n!}{s^{n+1}}$$
$$= \frac{(n+1)!}{s^{n+1+1}}.$$

II. Zu zeigen ist die Formel $\mathcal{F}\left[f\left(\frac{t}{a}\right)\right](\omega) = |a| \mathcal{F}[f](a\omega)$:

$$\sqrt{2\pi} \mathcal{F}\left[f\left(\frac{t}{a}\right)\right](\omega) = \int_{-\infty}^\infty f\left(\frac{t}{a}\right) e^{-i\omega t} \, dt$$
$$= \lim_{r \to \infty} \int_{-r}^r f\left(\frac{t}{a}\right) e^{-i\omega t} \, dt$$
$$= \lim_{r \to \infty} \int_{-\frac{r}{a}}^{\frac{r}{a}} f(s) e^{-i\omega a s} a \, ds.$$

Hier haben wir $s = \frac{t}{a}$ und $dt = a\,ds$ substituiert. Für negatives a, also $a = -|a|$, vertauschen wir die Integralgrenzen und erhalten:

$$\int_{-\frac{r}{a}}^{\frac{r}{a}} f(s)e^{-i\omega as}a\,ds = -\int_{-\frac{r}{|a|}}^{\frac{r}{|a|}} f(s)e^{-i\omega as}a\,ds = \int_{-\frac{r}{|a|}}^{\frac{r}{|a|}} f(s)e^{-i\omega as}|a|\,ds.$$

Damit erhalten wir für beliebiges $a \neq 0$

$$\sqrt{2\pi}\mathcal{F}\left[f\left(\tfrac{t}{a}\right)\right](\omega) = \lim_{r\to\infty}\int_{-\frac{r}{|a|}}^{\frac{r}{|a|}} f(s)e^{-i\omega as}|a|\,ds$$

$$= \int_{-\infty}^{\infty} f(s)e^{-i\omega as}|a|\,ds$$

$$= |a|\int_{-\infty}^{\infty} f(s)e^{-i\omega as}\,ds$$

$$= \sqrt{2\pi}|a|\mathcal{F}[f](a\omega).$$

III. Zu berechnen ist für $c > 0$ die Faltung von

$$f(x) := \begin{cases} 1 & \text{für } 0 \leq x \leq c \\ 0 & \text{für } x > c \end{cases}, \quad g(x) := \sin(x), \quad x \geq 0.$$

Die übliche Fortsetzung mit $f(x) = g(x) = 0$ für $x < 0$ liefert:

$$(f*g)(x) = \int_{-\infty}^{\infty} f(x-t)g(t)dt = \int_0^x f(x-t)g(t)dt$$

für $x \geq 0$. Wegen $f(x-t) = 0$ für $x - t > c$ bzw. $t < x - c$ ist

$$(f*g)(x) = \int_{\max(0,x-c)}^x f(x-t)g(t)dt = \int_{\max(0,x-c)}^x \sin(t)dt$$

Wir erhalten also für $x \geq 0$

$$(f*g)(x) = -\cos(x)\Big|_{\max(0,x-c)}^x = \cos(\max(0, x-c)) - \cos(x).$$

IV. Zu zeigen ist $\|L_n(x_i)\|_{\ell^p} \leq C\|(x_i)\|_{\ell^p}$. Für $y_i := x_{n+i}$ ist

$$\|L_n(x_i)\|_{\ell^p}^2 = \sum_{i=0}^{\infty} |y_i|^2 = \sum_{i=0}^{\infty} |x_{n+i}|^2 = \sum_{i=n}^{\infty} |x_i|^2 \leq \sum_{i=0}^{\infty} |x_i|^2 = \|(x_i)\|_{\ell^p}^2$$

und somit für $C = 1$ die Beschränktheit gezeigt, welche ja äquivalent zur Stetigkeit ist.

Index